建筑施工安全检查标准图解

中国建筑业协会建筑安全分会
天津市建工集团（控股）有限公司 编写

中国建筑工业出版社

图书在版编目（CIP）数据

建筑施工安全检查标准图解/中国建筑业协会建筑安全分会等编写.—北京：中国建筑工业出版社，2013.4（2021.7 重印）
ISBN 978-7-112-15332-9

Ⅰ.①建…　Ⅱ.①中…　Ⅲ.①建筑工程—工程施工—安全检查—安全标准—图解　Ⅳ.①TU714-65

中国版本图书馆CIP数据核字（2013）第077744号

为贯彻《国务院关于进一步加强企业安全生产工作的通知》（国发【2010】23号）及住房和城乡建设部《关于贯彻落实＜国务院关于进一步加强企业安全生产工作的通知＞的实施意见》（建质【2010】164号）等要求，以领导带班制度、建筑安全生产重大隐患排查治理以及施工现场消防、食品卫生安全等为主要内容，针对事故多发、易发的重要部位和重点环节，采用图文并茂、形象易懂的挂图方式，普及施工安全生产知识，促进安全管理制度和措施落实到每个施工现场和一线施工作业人员、管理人员，以防范事故发生，减少人员和财产损失。

责任编辑：曲汝铎
责任校对：张　颖　王雪竹

建筑施工安全检查标准图解

中国建筑业协会建筑安全分会
天津市建工集团（控股）有限公司　编写

*

中国建筑工业出版社出版、发行（北京西郊百万庄）
各地新华书店、建筑书店经销
北京京点设计公司制版
临西县阅读时光印刷有限公司印刷

*

开本：850×1168 毫米　1/32　印张：4⅝　字数：122 千字
2013 年 5 月第一版　2021 年 7 月第十六次印刷
定价：**38.00**元
ISBN 978-7-112-15332-9
(23369)

编委会

前　言

建筑业是国民经济的重要支柱产业，为我国的经济和社会发展做出了重要贡献。但是，由于建筑施工多为露天、高处作业，施工环境和作业条件较差，不安全因素较多，历来属事故多发的高危行业之一。因此，必须牢固树立以人为本、安全发展的理念，坚持“安全第一、预防为主、综合治理”方针，强化和落实企业主体责任，防止和减少违章指挥、违规作业、违反劳动纪律行为，以防范和遏制重特大事故，促进建设工程安全生产形势持续稳定好转。

2011年12月住房和城乡建设部批准公布了《建筑施工安全检查标准》（JGJ59−2011），自2012年7月1日起实施。这是建筑行业安全领域的一部重要标准。为了更好地贯彻实施该标准，中国建筑业协会建筑安全分会组织有关专家编绘了“建筑施工安全检查标准图解”。本图解面向建筑施工现场，面向广大的一线施工作业人员和管理人员，采用图文并茂、浅显易懂的教学方式，生动详尽地讲解了《建筑施工安全检查标准》的主要内容，可作为组织开展建筑施工安全培训教育和职工自学的教材。

本图解由《建筑施工安全检查标准》的主笔人——天津市建工集团（控股）有限公司耿洁明同志负责总审稿，李长江同志绘画。天津市建工集团（控股）有限公司、天津市建设工程质量安全监督管理总队、北京建工集团有限责任公司、山东省建筑施工安全监督站、青岛市建筑施工安全监督站、山西省建设工程安全监督管理总站，以及江苏申锡建筑机械有限公司等单位的有关专家给予了技术指导，并得到了有关地方建设行政主管部门、建筑安全监管机构、建设安全协会和建筑业企业的支持与帮助。在此，谨向他们表示衷心的感谢！

在本图解的编绘过程中，虽经反复推敲核证，仍难免有不妥或疏漏之处，恳请广大读者提出宝贵意见。

中国建筑业协会建筑安全分会
2013年3月

《中华人民共和国建筑法》第五章第三十六条：建筑工程安全生产管理必须坚持安全第一、预防为主的方针，建立健全安全生产的责任制度和群防群治制度。

目 录

第一章　安全管理

1.1　安全生产责任制

工程项目部应建立安全生产责任制，项目经理是工地安全生产第一责任人。应制定以伤亡事故控制、现场安全达标、文明施工为主要内容的安全生产管理目标，建立对安全生产责任制和责任目标的考核制度，并对项目管理人员定期进行考核。

工程项目部应按规定配备专职安全员。

工程项目部应有各工种安全技术操作规程。

工程项目部应制定安全生产资金保障制度，编制安全资金使用计划，并保证安全生产资金的落实。

1.2 施工组织设计及专项施工方案

施工前，工程项目部应编制施工组织设计，针对工程特点、施工工艺制定安全技术措施。

危险性较大的分部分项工程应按规定编制安全专项施工方案，专项施工方案应有针对性，并按有关规定进行设计计算。超过一定规模危险性较大的分部分项工程，施工单位应组织专家对专项施工方案进行论证。

施工组织设计、安全专项施工方案，应由有关部门审核，施工单位技术负责人、监理单位项目总监批准，方可组织实施。

1.3 安全技术交底

施工负责人应对相关管理人员、施工作业人员进行书面安全技术交底。安全技术交底应由交底人、被交底人、专职安全员进行签字确认。

安全技术交底应按施工工序、施工部位、施工栋号分部分项进行，结合施工作业场所状况、特点，进行有针对性的交底。

1.4　安全检查

工程项目部应建立安全检查制度，安全检查应由项目负责人组织，专职安全员及相关专业人员参加，定期进行并填写检查记录。

对检查中发现的事故隐患应下达隐患整改通知单，定人、定时间、定措施进行整改。重大事故隐患整改后，相关部门应组织复查。

1.5 安全教育

工程项目部应建立安全教育培训制度。

当施工人员入场时，工程项目部应组织进行以国家安全法律法规、企业安全制度、施工现场安全管理规定及各工种安全技术操作规程为主要内容的三级安全教育培训和考核；

当施工人员变换工种或采用新技术、新工艺、新设备、新材料施工时，应进行安全教育培训；

施工管理人员、专职安全员每年度应进行安全教育培训和考核。

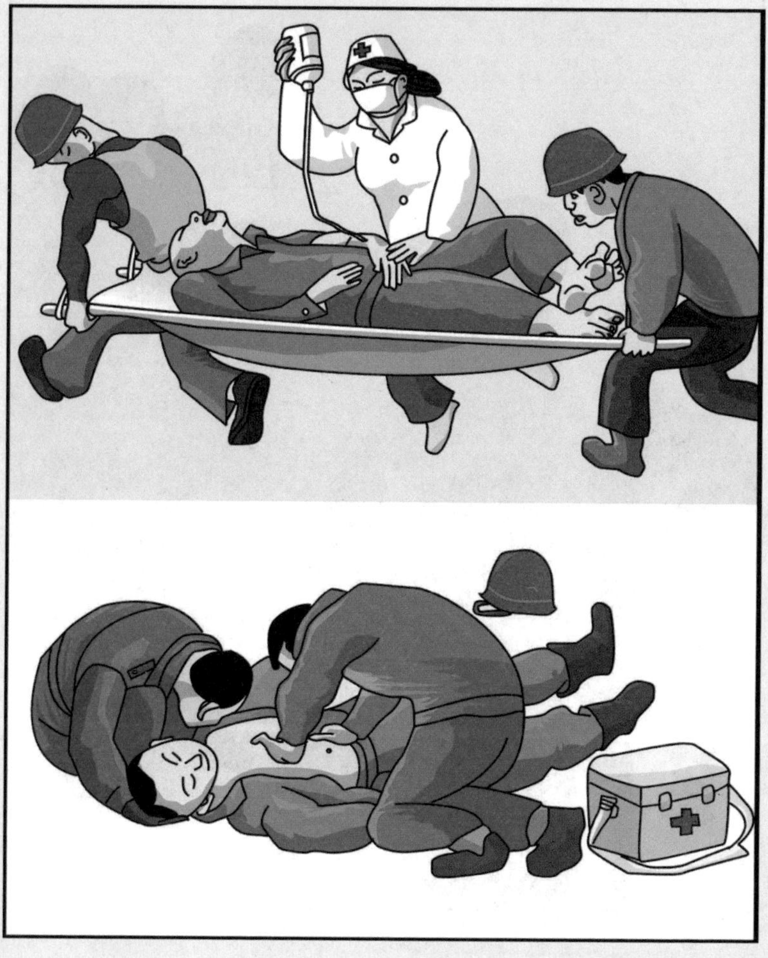

1.6 应急救援

工程项目部应针对工程特点，进行重大危险源的辨识，制定防触电、防坍塌、防高处坠落、防起重及机械伤害、防火灾、防物体打击等主要内容的专项应急救援预案，并对施工现场易发生重大安全事故的部位、环节进行监控。

施工现场应建立应急救援组织，培训、配备应急救援人员，配备相应的应急救援器材和设备，定期组织员工进行应急救援演练。

1.7 分包单位安全管理

总包单位应对分包单位进行资质、安全生产许可证和相关人员安全生产资格的审查。双方应签订安全生产协议书，明确各自的安全责任。分包单位应按规定建立安全机构，配备专职安全员，履行相关的安全职责。

1.8 持证上岗

从事建筑施工的项目经理、专职安全员和特种作业人员，必须经行业主管部门培训考核合格，取得相应资格证书，方可上岗作业。

1.9 生产安全事故处理

当施工现场发生生产安全事故时，施工单位应按规定及时报告，保护好现场，及时救护伤员。施工单位应对生产安全事故进行调查分析，制定防范措施。

施工单位应依法为施工作业人员办理保险。

1.10 安全标志

施工现场应设置重大危险源公示牌，绘制安全标志布置图。施工现场入口处及主要施工区域、危险部位应设置相应的安全警示标志牌，并根据工程部位和现场设施的变化，调整安全标志牌设置。

第二章 文明施工

2.1 现场围挡

市区主要路段的工地应设置高度不小于2.5m的封闭围挡，一般路段应设置高度不小于1.8m的封闭围挡。围挡应坚固、稳定、整洁、美观。

2.2 封闭管理

施工现场进出口应设置大门，并应设置门卫值班室，配备门卫职守人员，建立门卫职守管理制度。

施工人员进入施工现场应佩戴工作卡。

施工现场出入口应标有企业名称或标识，并应设置车辆冲洗设施。

2.3 施工场地

施工现场的主要道路及材料加工区地面应进行硬化处理，道路应保证畅通，路面应平整坚实。

施工现场应有防止扬尘、泥浆、污水、废水污染环境的措施。施工现场应设置排水设施，且排水通畅无积水。

施工现场应设置专门的吸烟处，严禁随意吸烟。

施工现场温暖季节应采取绿化措施，美化环境。

2.4 材料管理

建筑材料、构件、料具应按总平面布局进行码放。材料码放整齐，标明名称，规格等，并采取防火，防锈蚀、防雨等措施。

建筑物内施工垃圾的清运，应采用器具或管道运输，严禁随意抛掷。

易燃易爆物品应分类储藏在专用库房内，并应制定防火措施。

2.5 现场办公与住宿

施工作业、材料存放区与办公、生活区应划分清晰，并应采取相应的隔离措施，在施工程、伙房、库房不得兼做宿舍。

宿舍、办公用房的防火等级应符合规范要求。冬季宿舍内应有采暖和防一氧化碳中毒措施，夏季应有防暑降温和防蚊蝇措施。

宿舍应设置可开启式窗户，床铺不得超过2层，通道宽度不应小于0.9m。宿舍内住宿人员人均面积不应小于2.5m^2，且不得超过16人。宿舍生活用品摆放整齐，环境卫生良好。

2.6 现场防火

施工现场应建立消防安全管理制度、制定消防措施，施工现场临时用房和作业场所的防火设计应符合规范要求。

施工现场应设置消防通道、消防水源，灭火器材应保证可靠有效，布局配置满足消防需要。

明火作业应履行动火审批手续，配备动火监护人员。

2.7 综合治理

生活区内应设置供作业人员学习和娱乐的场所。

施工现场应建立治安保卫制度、制定治安防范措施，责任分解落实到人。

2.8 公示标牌

施工现场门口处应设置公示标牌，主要内容应包括：工程概况牌、消防保卫牌、安全生产牌、文明施工牌、管理人员名单及监督电话牌、施工现场总平面图等。标牌应规范、整齐、统一。

施工现场应有安全标语、宣传栏、读报栏、黑板报等宣传形式。

2.9 生活设施

施工现场应建立卫生责任制度并落实到人。

食堂必须有卫生许可证（餐饮服务许可证），炊事人员必须持身体健康证上岗。卫生环境良好，并配备必要的排风、冷藏、消毒、防鼠、防蚊蝇等设施。食堂使用的燃气罐应单独设置存放间，存放间应通风良好，并严禁存放其他物品。食堂与厕所、垃圾站、有毒有害场所等污染源应保持安全距离。

厕所必须符合卫生要求，厕所内的设施数量和布局应符合规范要求。

施工现场必须保证饮水卫生，设置淋浴室，满足施工人员的需求。

生活垃圾应装入密闭式容器内并及时清理。

2.10 社区服务

施工现场应制定不扰民措施。夜间施工前，必须经批准后方可进行施工。

施工现场应制定防粉尘、防噪声、防光污染等措施，严禁焚烧各类废弃物。

第三章　脚手架

3.1　施工方案

搭设脚手架应编制专项施工方案。脚手架专项施工方案应包括：工程概况、编制依据、架体选型、架体构配件要求、架体搭设施工方法、架体基础、连墙件及各受力杆件设计计算等内容。专项施工方案应经单位技术负责人审核、审批后方可实施。

搭设高度超过规范要求的脚手架必须采取加强措施，其专项施工方案必须经过专家论证。

3.2 立杆基础

基础土层、排水设施、基础垫板及扫地杆设置对脚手架基础稳定性有着重要影响。

脚手架基础土层必须平整、夯实，并应采取防止积水浸泡的措施，减少或消除在搭设和使用过程中由于地基不均匀沉降导致的架体变形。

脚手架应设置纵横向扫地杆，立杆底部应设置底座和垫板。

3.3 架体稳定

架体与建筑结构拉结应符合规范要求。

连墙件应从架体底层第一步纵向水平杆处开始设置，当该处设置有困难时应采取其他可靠措施固定。

对搭设高度超过24m的双排扣件式钢管脚手架，应采用刚性连墙件与建筑结构可靠拉结。

架体剪刀撑斜杆与地面夹角应在45°～60°之间，应采用旋转扣件与立杆固定，剪刀撑设置应符合规范要求。

拉结点示意图

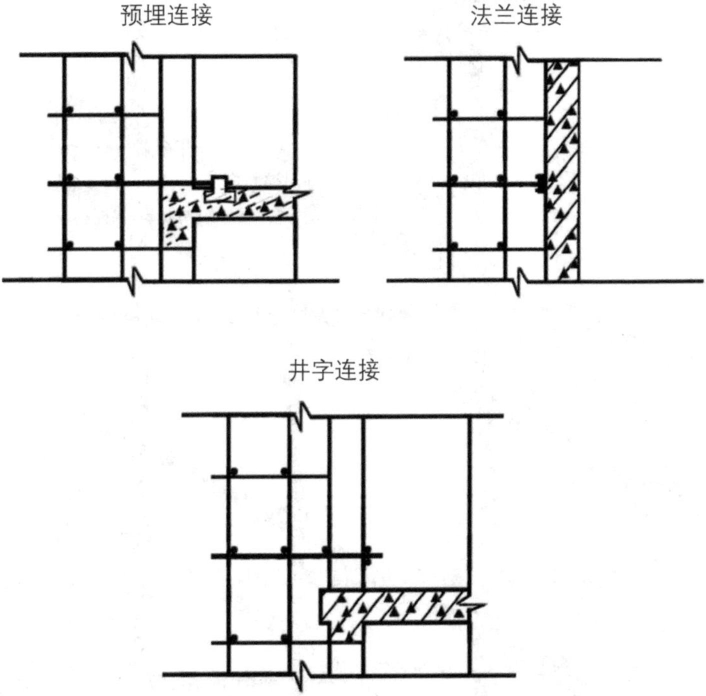

预埋连接

法兰连接

井字连接

门式钢管脚手架交叉支撑的设置应符合规范要求。

碗扣式钢管脚手架竖向应沿高度方向连续设置专用斜杆或八字撑，专用斜杆两端应固定在纵横向水平杆的碗扣节点处。

承插型盘扣式钢管脚手架斜杆及剪刀撑应沿脚手架高度连续设置，角度应符合规范要求。

满堂脚手架：当架体高宽比大于规范规定时，应按规范要求与建筑结构拉结或采取增加架体宽度、设置钢丝绳张拉固定等稳定措施。

悬挑式脚手架立杆底部应与钢梁连接柱固定，架体应按规定设置横向斜撑。

3.4 架体杆件与构造

架体立杆、纵向水平杆、横向水平杆间距应符合设计和规范要求。

横向水平杆应设置在纵向水平杆与立杆相交的主节点处，两端应与纵向水平杆固定。

纵向水平杆杆件宜采用对接，若采用搭接，其搭接长度应不小于1m，且固定应符合规范要求。

各杆件对接扣件应交错布置，相邻接头错开距离不宜小于500mm，且各接头中心至主节点距离不宜大于步距或跨距的1/3。

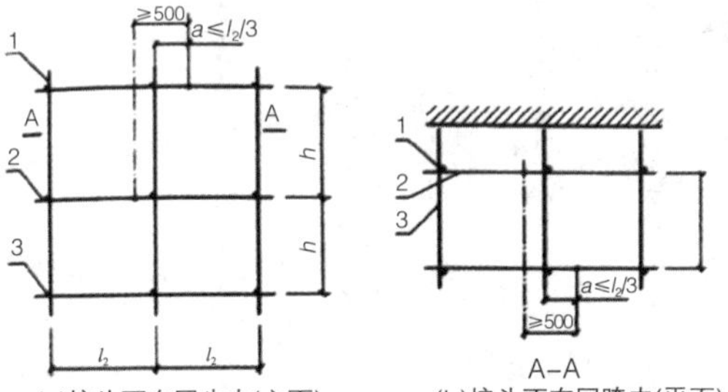

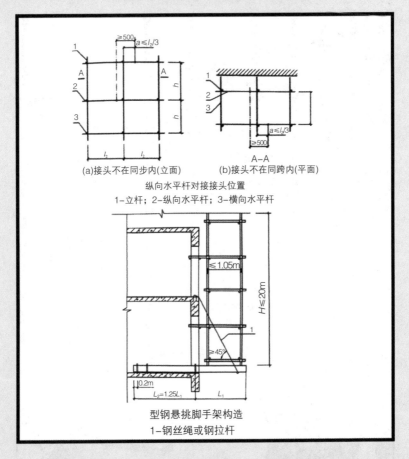

(a)接头不在同步内(立面)　(b)接头不在同跨内(平面)

纵向水平杆对接接头位置

1-立杆；2-纵向水平杆；3-横向水平杆

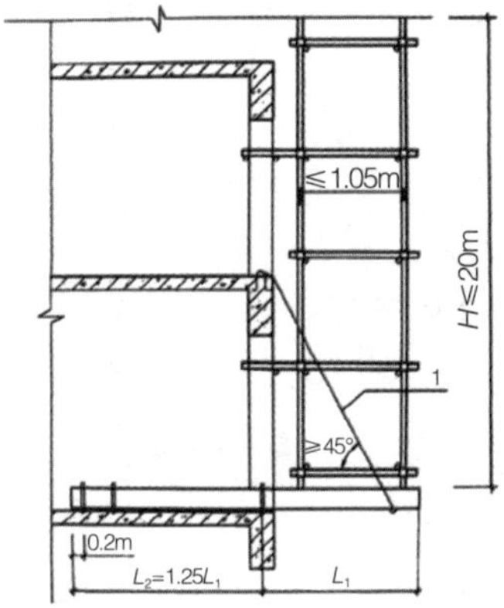

型钢悬挑脚手架构造

1-钢丝绳或钢拉杆

扣件紧固力矩不应小于40N·m，且不应大于65N·m。

门式钢管脚手架架体杆件、锁臂应按规范要求进行组装。

当碗扣式钢管脚手架搭设高度超过24m时，顶部24m以下的连墙件层应设置水平斜杆，并应符合规范要求。

满堂脚手架的高宽比不宜大于3，当高宽比大于2时，应在架体的外侧四周和内部水平间隔6～9m、竖向间隔4～6m设置连墙件与建筑结构拉结，当无法拉结时，应采取设置钢丝绳张拉固定等措施。

悬挑钢梁截面尺寸应经设计计算确定，且截面形式应符合设计和规范要求；钢梁锚固端长度不应小于悬挑长度的1.25倍；钢梁间距应按悬挑架体立杆纵距设置。

悬挑钢梁外端应设置钢丝绳或钢拉杆与上层建筑结构拉结。

3.5 脚手板

脚手板材质、规格应符合规范要求。

脚手板应铺设严密、平整、牢固。

挂扣式钢脚手板的挂扣必须完全挂扣在水平杆上，挂钩应处于锁住状态。

3.6　交底与验收

架体搭设前应进行安全技术交底，并应有文字记录。

架体分段搭设、分段使用时，应进行分段验收。

搭设完毕应办理验收手续，验收应有量化内容并经责任人签字确认。

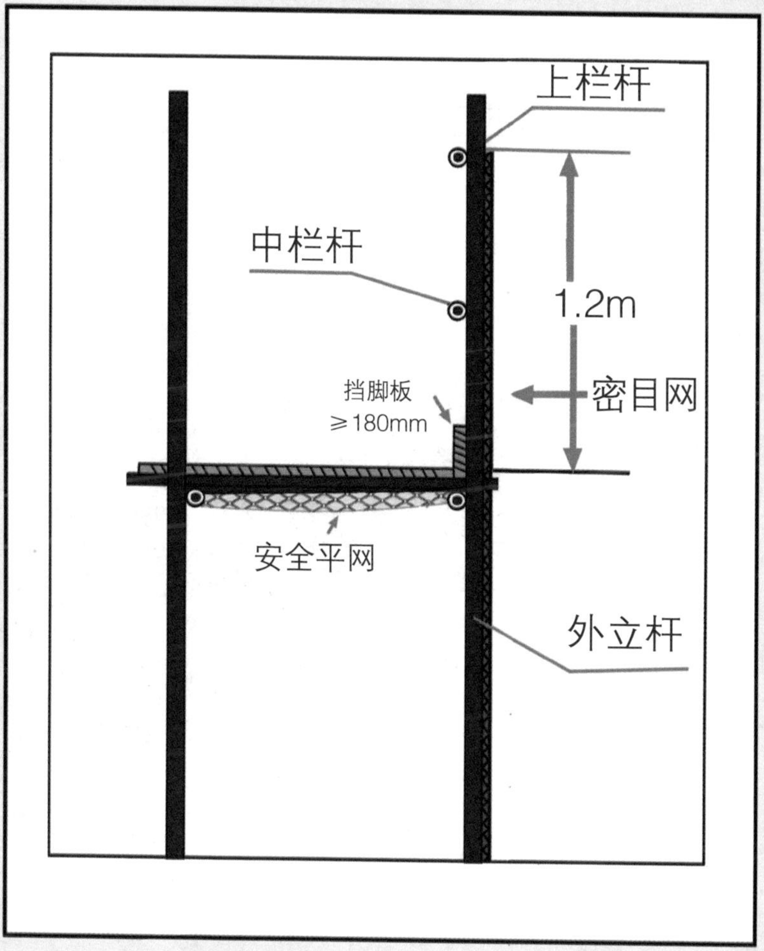

上栏杆

中栏杆

1.2m

挡脚板
≥180mm

密目网

安全平网

外立杆

3.7 架体防护

架体外侧应采用密目式安全网封闭，网间连接应严密。

作业层的防护栏杆应按规范要求正确设置，在外立杆内侧设置挡脚板高度不应小于180mm，以防止作业人员坠落和作业面上的物料滚落。

架体作业层脚手板下应采用安全平网兜底，以下每隔10m应采用安全平网封闭。

作业层里排架体与建筑物之间应采用脚手板或安全平网封闭。

3.8 构配件材质

架体构配件的材质应符合现行国家标准《碳素结构钢》GB/T 700的有关要求。

型钢、钢管的弯曲、变形、锈蚀程度应在规范允许的范围内。

3.9 荷载

脚手架上的施工荷载应符合设计和规范要求。

施工均布荷载、集中荷载应在设计允许范围内。

架体承重荷载按3kN/m^2，装修荷载按2kN/m^{2}均匀布置。

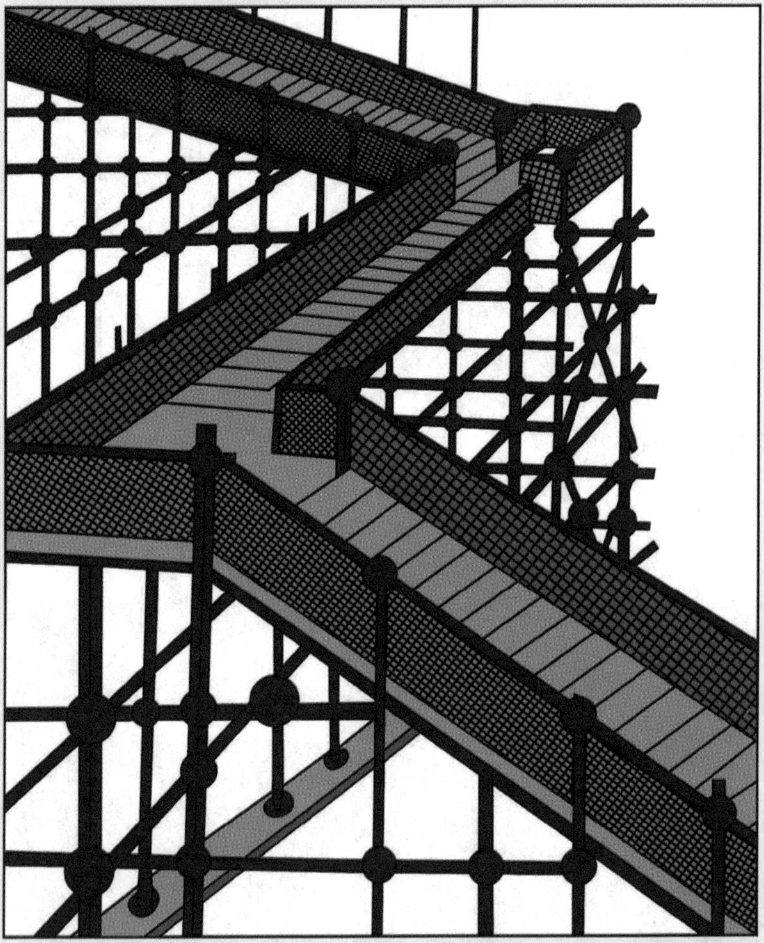

3.10 通道

脚手架应设置供施工人员上下的专用通道。

专用通道宜采用“之”字形设置，坡度不应大于1:3，并在转弯处设置平台。

专用通道及平台外围应设置1.2m高的防护栏杆及180mm高的挡脚板，坡面铺板应设置防滑条，脚手板应稳固在支撑杆件上，防止窜动。

第四章　附着式升降脚手架

4.1　施工方案

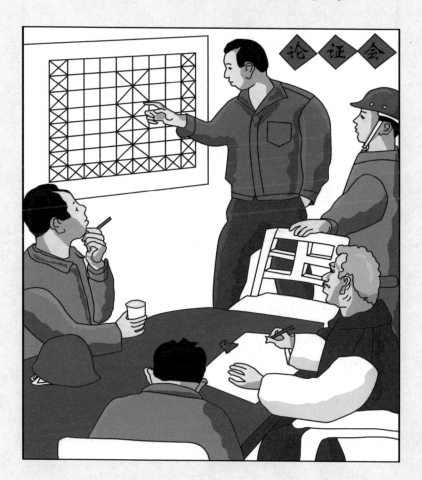

搭设、拆除附着式升降脚手架应编制专项施工方案，竖向主框架、水平支撑桁架、附着支撑结构应经设计计算，专项施工方案经审批后实施。

提升高度超过规定要求的附着架体，必须采取相应强化措施，专项方案必须经专家论证。

架体整体示意图

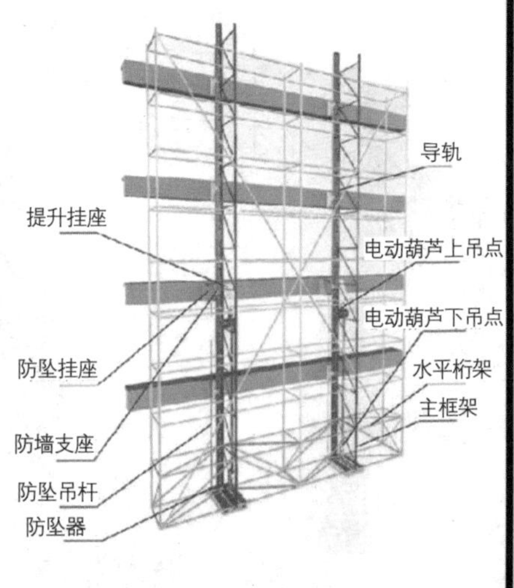

4.2 安全装置

附着式升降脚手架应安装防坠落装置，技术性能应符合规范要求。

防坠落装置与升降设备应分别独立固定在建筑结构上。

防坠落装置应设置在竖向主框架处，与建筑结构附着。

附着式升降脚手架应安装防倾覆装置，技术性能应符合规范要求。

升降和使用工况时，最上和最下两个防倾装置之间最小间距应符合规范要求。

附着式升降脚手架应安装同步控制装置，并应符合规范要求。

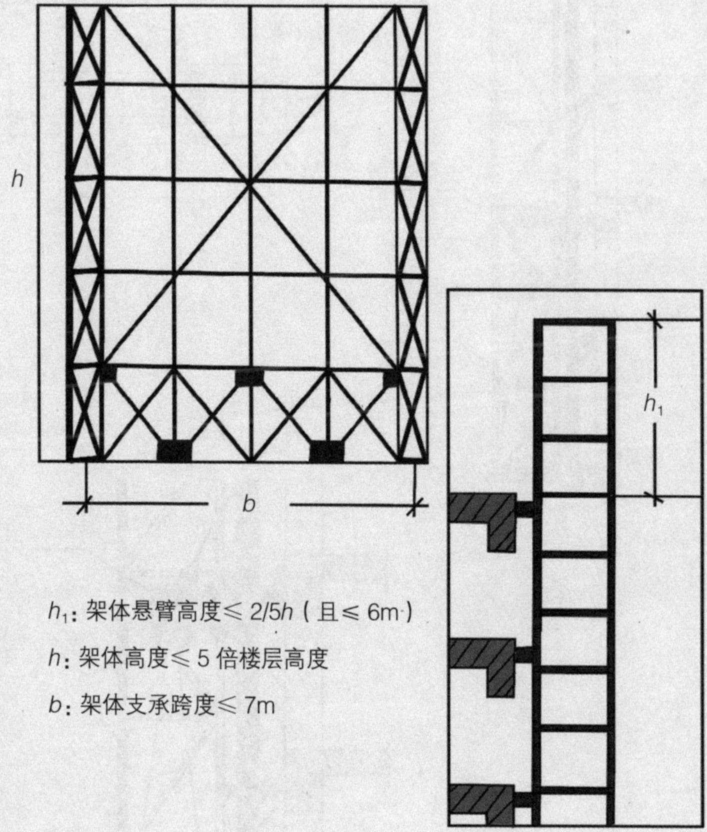

h

b

h_1

h_1：架体悬臂高度≤ 2/5h（且≤ 6m）

h：架体高度≤ 5 倍楼层高度

b：架体支承跨度≤ 7m

4.3 架体构造

附着式升降脚手架架体高度不应大于5倍楼层高度，宽度不应大于1.2m。

直线布置的架体支承跨度不应大于7m，折线、曲线布置的架体支撑点处的架体外侧距离不应大于5.4m。

架体水平悬挑长度不应大于2m，且不应大于跨度的1/2。

架体悬臂高度不应大于架体高度的2/5，且不应大于6m。

架体高度与支承跨度的乘积不应大于110m²。

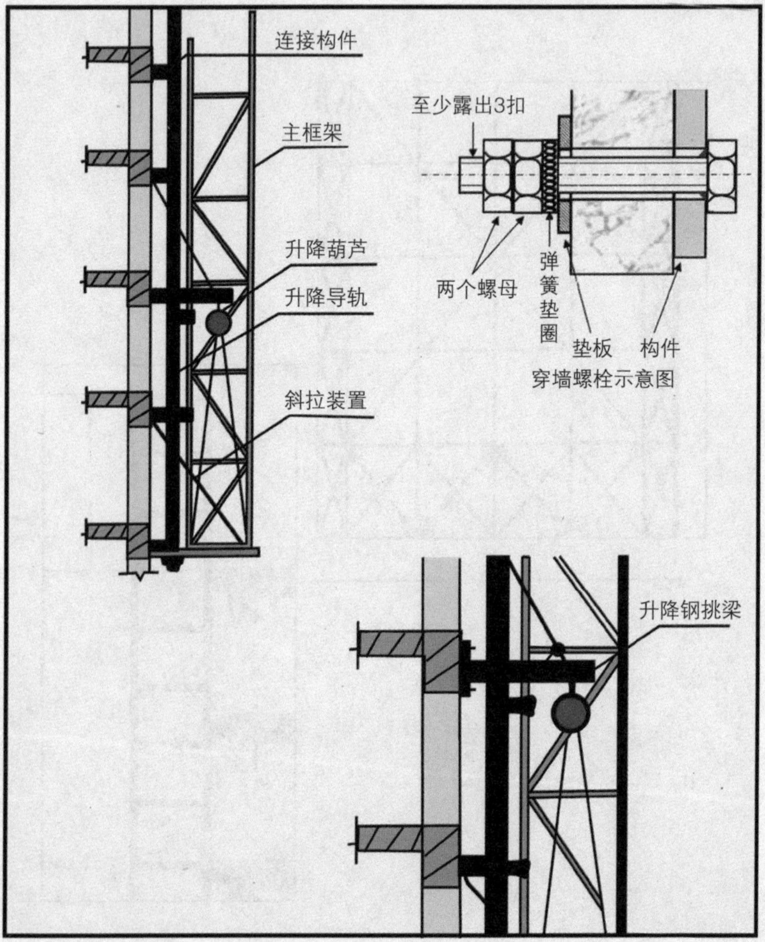

连接构件
主框架
升降葫芦
升降导轨
斜拉装置

至少露出3扣
两个螺母
弹簧垫圈
垫板
构件
穿墙螺栓示意图

升降钢挑梁

4.4　附着支座

附着支座数量、间距应符合规范要求。

使用工况应将竖向主框架与附着支座固定。

升降工况应将防倾、导向装置设置在附着支座上。

附着支座与建筑结构连接固定方式应符合规范要求。

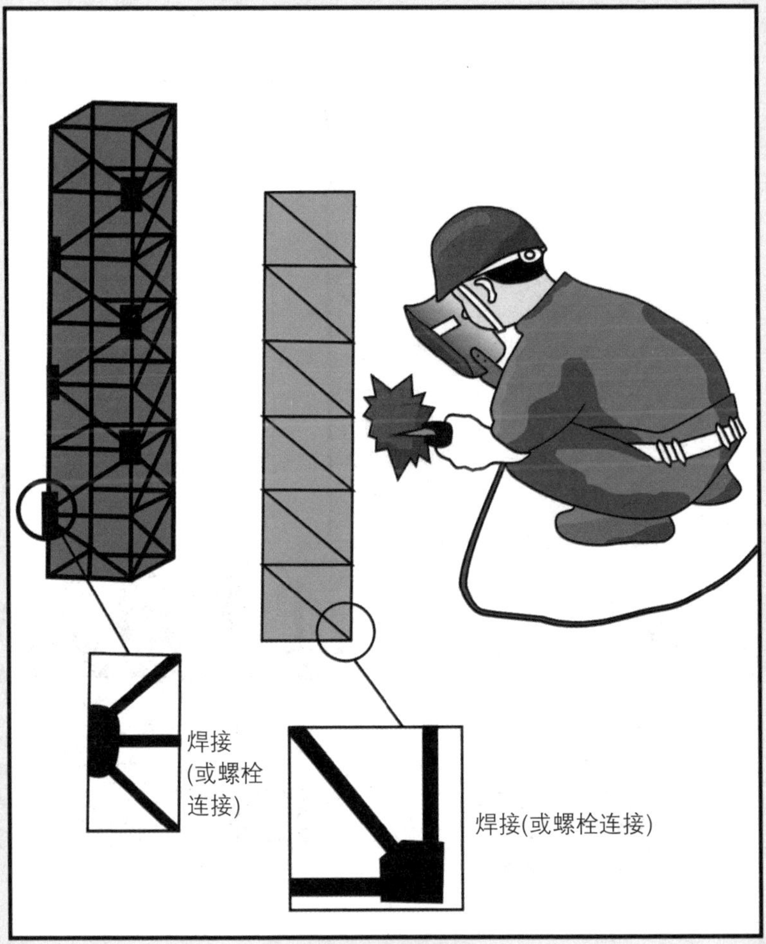

焊接
(或螺栓
连接)

焊接(或螺栓连接)

4.5 架体安装

主框架和水平支撑桁架的节点应采用焊接或螺栓连接，各杆件的轴线应汇交于节点。

内外两片水平支撑桁架的上弦和下弦之间应设置水平支撑杆件，各节点应采用焊接或螺栓连接。

架体立杆底端应设在水平桁架上弦杆的节点处。

剪刀撑应沿架体高度连续设置，并应将竖向主框架、水平支撑桁架和架体构架连成一体，剪刀撑斜杆水平夹角应为45°～60°。

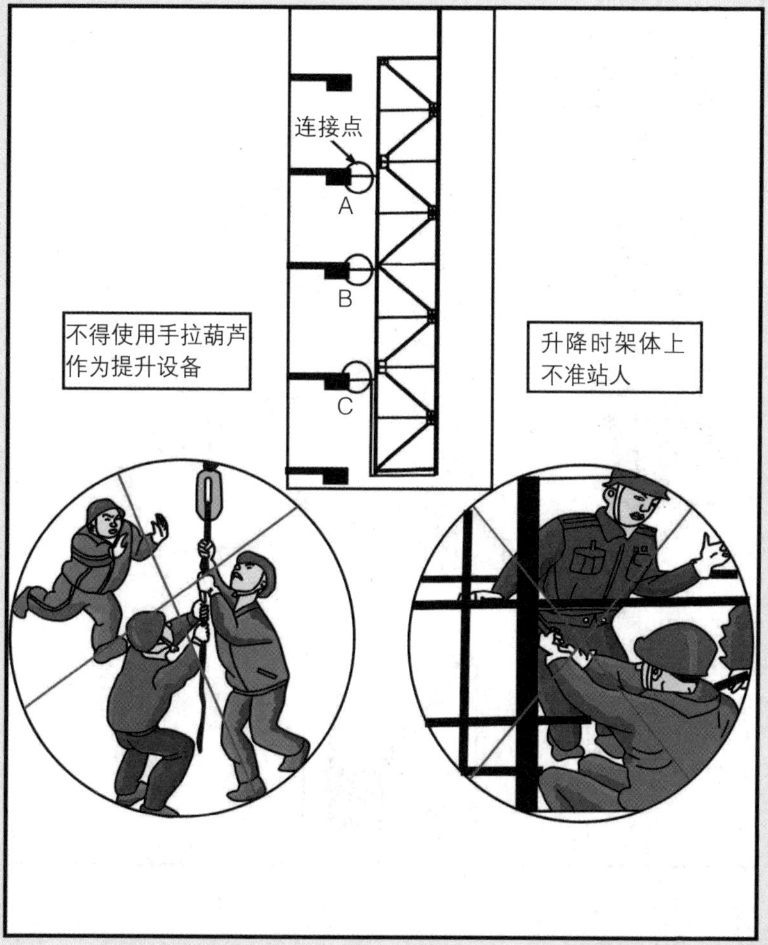

连接点
A
B
C
不得使用手拉葫芦作为提升设备
升降时架体上不准站人

4.6 架体升降

两跨及以上架体同时升降应采用电动或液压动力装置，不得采用手动装置。

升降工况附着支座处建筑结构混凝土强度应符合设计和规范要求。

升降工况架体上不得有施工荷载，严禁人员在架体上停留。

4.7 检查验收

动力装置、主要结构配件进场应按规定进行验收。

架体分区段安装、分区段使用时，应进行分区段验收。

架体安装完毕应按规定进行整体验收，验收应有量化内容并经责任人签字确认。

架体每次升、降前应按规定进行检查，并应填写检查记录。

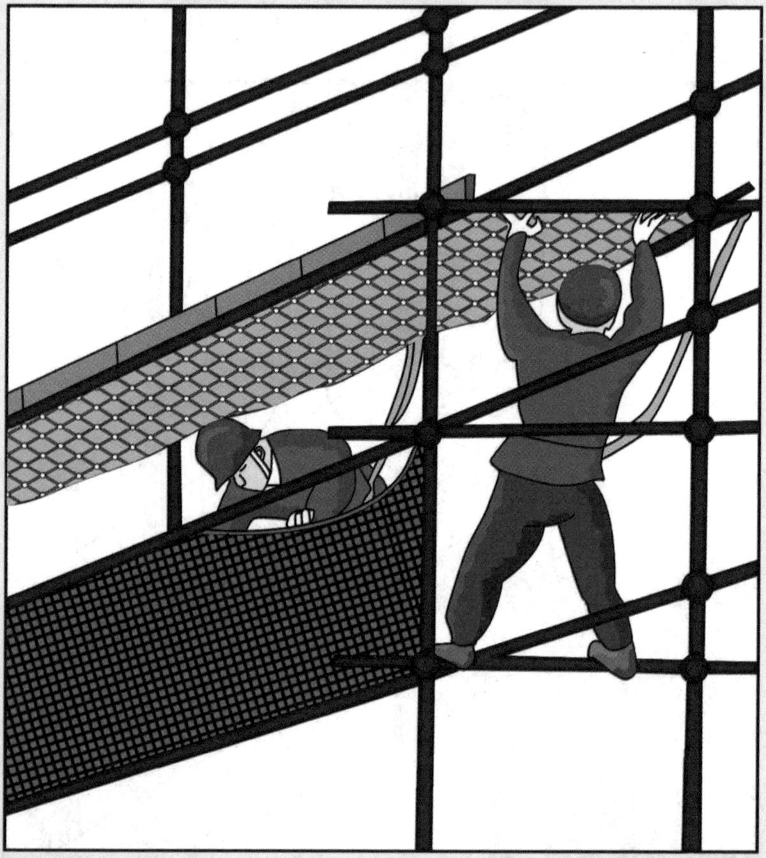

4.8 脚手板

脚手板应铺设严密、平整、牢固。

作业层里排架体与建筑物之间应采用脚手板或安全平网封闭。脚手板材质、规格应符合规范要求。

4.9 架体防护

附着式提升脚手架外侧应采用密目式安全网封闭，网间连接应严密。

作业层的防护栏杆应按规范要求正确设置，在外立杆内侧设置挡脚板高度不应小于180mm，以防止作业人员坠落和作业面上的物料滚落。

架体作业层脚手板下应采用安全平网兜底，以下每隔10m应采用安全平网封闭。

4.10 安全作业

操作前应对有关技术人员和作业人员进行安全技术交底，并应有文字记录。

作业人员应经培训并定岗作业。

安装拆除单位的资质应符合要求，特种作业人员应持证上岗。

架体安装、升降、拆除时应设置安全警戒区，并应设置专人监护。

荷载分布应均匀，荷载最大值应在规范允许范围内。

第五章　高处作业吊篮

5.1　施工方案

吊篮安装作业应编制专项施工方案，吊篮支架支撑处结构承载力应经过验算。专项施工方案应按规定进行审核审批。

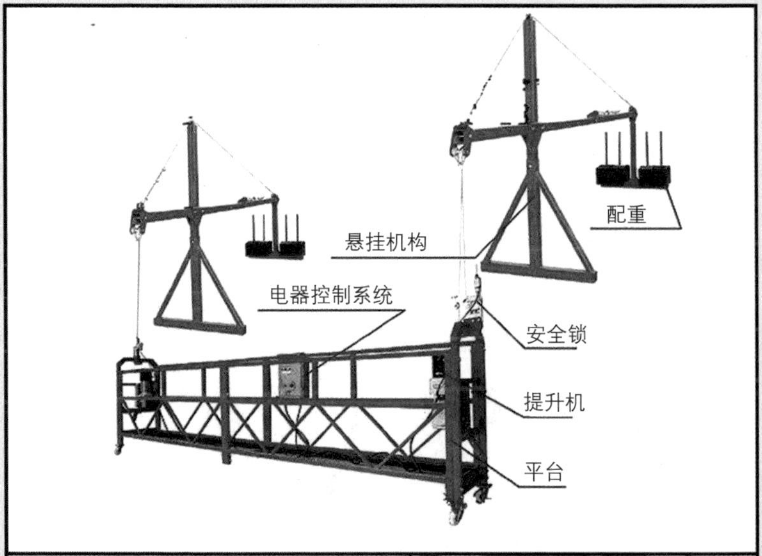

5.2 安全装置

吊篮应安装防坠安全锁，并应灵敏有效。

防坠安全锁不应超过标定期限。

吊篮应设置为作业人员挂设安全带专用的安全绳和安全锁扣，安全绳应固定在建筑物可靠位置上，不得与吊篮上的任何部位连接。

吊篮应安装上限位装置，并应保证限位装置灵敏可靠。

配重的重量必须符合设计要求

5.3 悬挂机构

悬挂机构前支架不得支撑在女儿墙及建筑物外挑檐边缘等非承重结构上。
悬挂机构前梁外伸长度应符合产品说明书规定。
前支架应与支撑面垂直，且脚轮不应受力。
上支架应固定在前支架调节杆与悬挑梁连接的节点处。
严禁使用破损的配重块或其他替代物。
配重块应固定可靠，重量应符合设计规定。

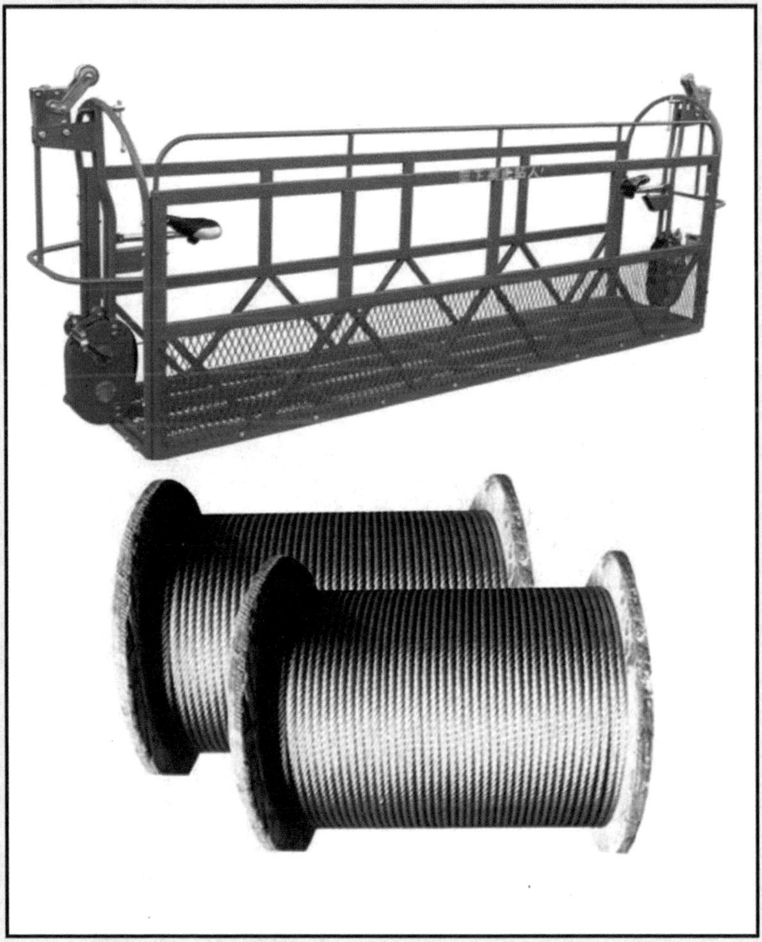

5.4 钢丝绳

钢丝绳不应存断丝、断股、松股、锈蚀、硬弯及油污和附着物。
安全钢丝绳应单独设置，型号规格应与工作钢丝绳一致。
吊篮运行时安全钢丝绳应张紧悬垂。
电焊作业时应对钢丝绳采取保护措施。

5.5 安全作业

吊篮平台的组装长度应符合产品说明书和规范要求。
吊篮的构配件应为同一厂家的产品。

5.6　升降作业

必须由经过培训合格的人员操作吊篮升降。

吊篮内的作业人员不应超过2人。

吊篮内作业人员应将安全带用安全锁扣正确挂置在独立设置的专用安全绳上。

作业人员应从地面进出吊篮。

5.7 交底与验收

吊篮安装完毕，应按规范要求进行验收，验收表应由责任人签字确认。

班前、班后应按规定对吊篮进行检查。

吊篮安装、使用前对作业人员进行安全技术交底，并应有文字记录。

5.8 安全防护

吊篮平台周边的防护栏杆、挡脚板的设置应符合规范要求。

上下立体交叉作业时吊篮应设置顶部防护板。

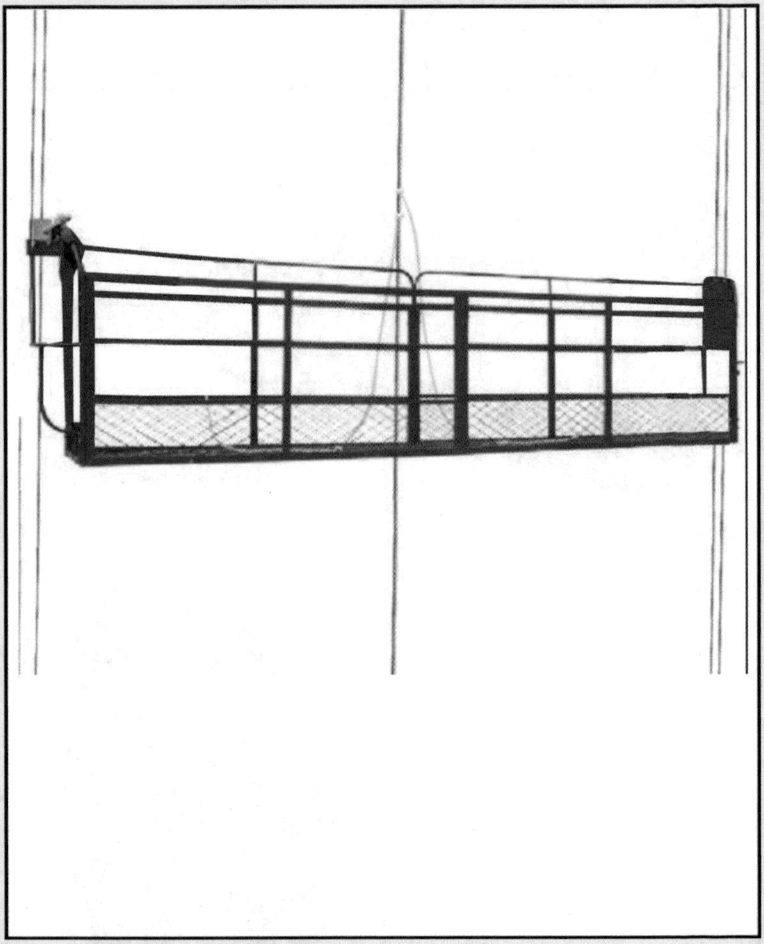

5.9 吊篮稳定

吊篮作业时应采取防止摆动的措施。

吊篮与作业面距离应在规定要求范围内。

5.10 荷载

吊篮施工荷载应符合设计要求。

吊篮施工荷载应均匀分布。

第六章　基坑工程

● 按土质情况和深度确定边坡坡度或设置固壁支撑。

6.1　施工方案

基坑工程施工应编制专项施工方案，开挖深度超过3m或虽未超过3m但地质条件和周边环境复杂的基坑土方开挖、支护、降水工程应单独编制专项施工方案。专项施工方案应按规定进行审核、审批。

开挖深度超过5m的基坑土方开挖、支护、降水工程或开挖深度虽未超过5m，但地质条件、周围环境复杂的基坑土方开挖、支护、降水工程专项施工方案应组织专家进行论证。

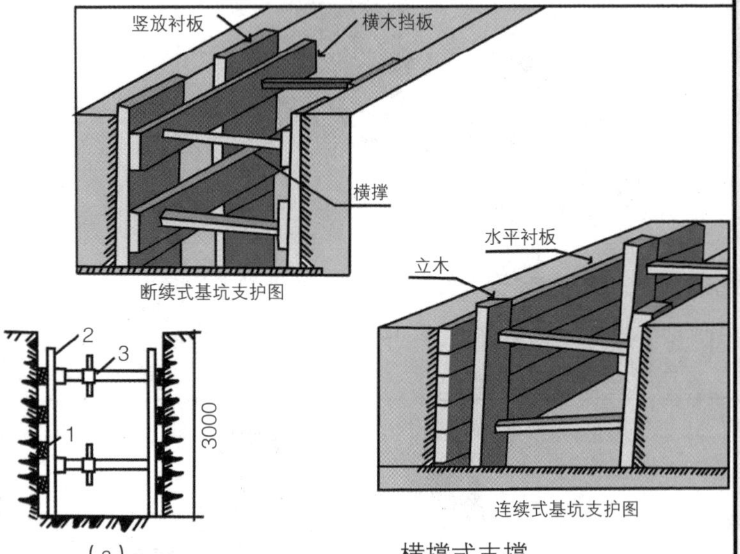

竖放衬板
横木挡板
横撑

断续式基坑支护图

水平衬板
立木

连续式基坑支护图

2
3
1
3000

(a)

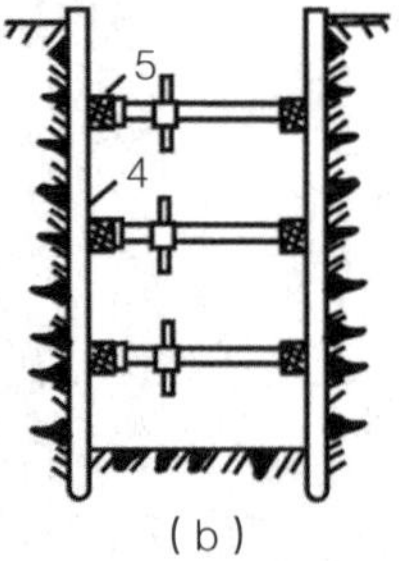

5
4

(b)

横撑式支撑

(a)继续式水平挡板支撑

(b)垂直式支撑

1. 水平挡土板

2. 坚棱木

3. 工具式横撑

4. 坚直挡土板

5. 横棱木

6.2 基坑支护

地质条件良好、土质均匀且无地下水的自然放坡的坡率应符合规范要求。

人工开挖的狭窄基槽，开挖深度较大并存在边坡塌方危险时，应采取支护措施。基坑支护结构应符合设计要求。

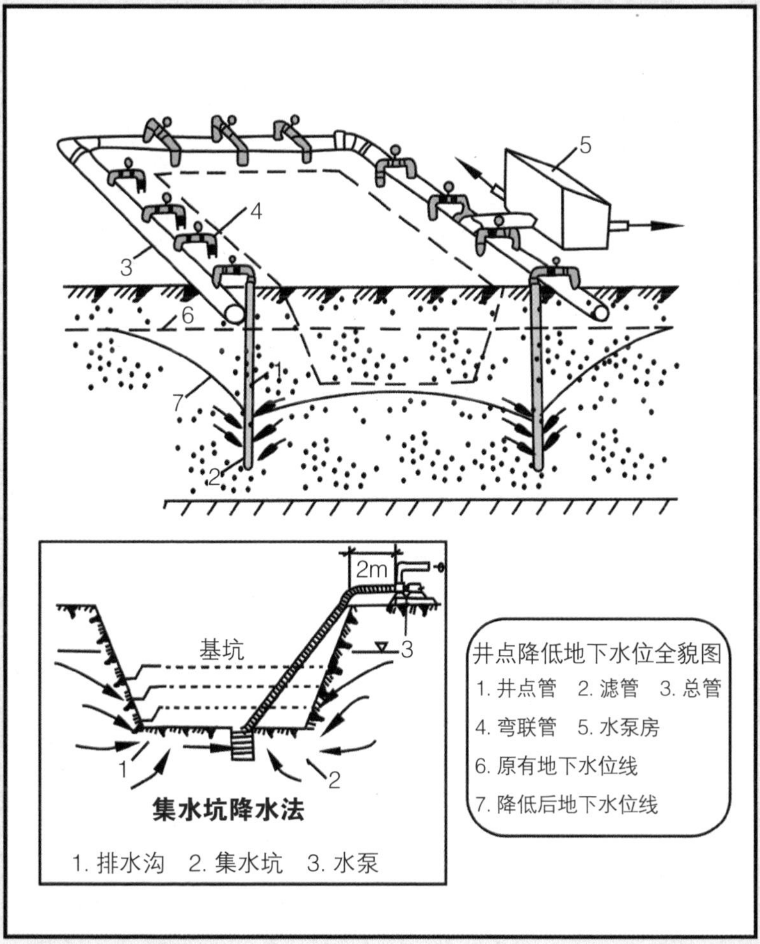

井点降低地下水位全貌图

1. 井点管　2. 滤管　3. 总管

4. 弯联管　5. 水泵房

6. 原有地下水位线

7. 降低后地下水位线

基坑

2m

集水坑降水法

1. 排水沟　2. 集水坑　3. 水泵

6.3 降排水

基坑边沿周围地面应设排水沟；放坡开挖时，应对坡顶、坡面、坡脚采取降排水措施。

基坑底四周应按专项施工方案设排水沟和集水井，并应及时排除积水。

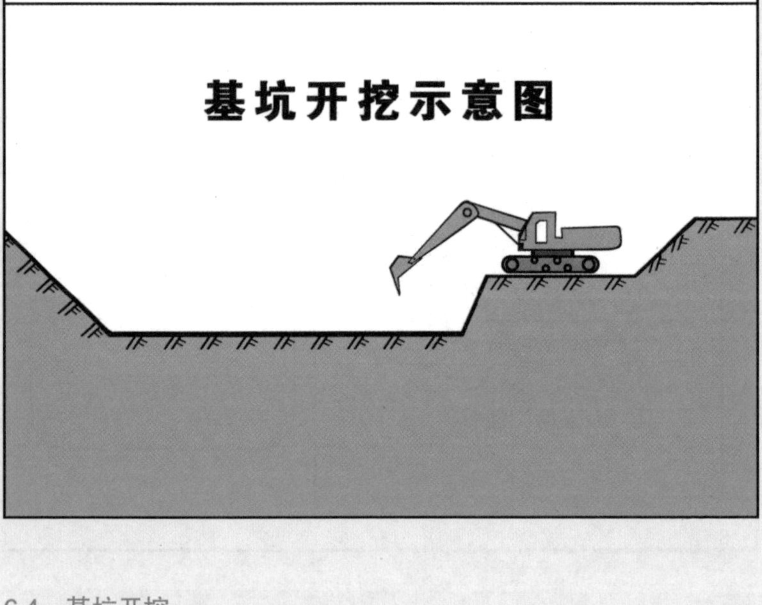

6.4 基坑开挖

基坑支护结构必须在达到设计要求的强度后，方可开挖下层土方，严禁提前开挖和超挖。基坑开挖应按设计和施工方案的要求，分层、分段、均衡开挖。

当采用机械在软土场地作业时，应采取铺设渣土或砂石等硬化措施。基坑开挖应采取措施防止碰撞支护结构、工程桩或扰动基底原状土土层。

6.5 坑边荷载

基坑边堆置土、料具等荷载应在基坑支护设计允许范围内。施工机械与基坑边沿的安全距离应符合设计要求。

6.6 安全防护

开挖深度超过2m及以上的基坑周边必须安装防护栏杆，防护栏杆的安装应符合规范要求。

基坑内应设置供施工人员上下的专用梯道。梯道应设置扶手栏杆，梯道的宽度不应小于1m，梯道搭设应符合规范要求。

降水井口应设置防护盖板或围栏，并应设置明显的警示标志。

6.7 基坑监测

监测的时间间隔应根据施工进度确定。当监测结果变化速率较大时，应加密观测次数，有异常现象时应及时上报。

6.8 支撑拆除

基坑支撑结构的拆除方式、拆除顺序应符合专项施工方案的要求。当采用机械拆除时，施工荷载应小于支撑结构承载能力。人工拆除时，应按规定设置防护设施。

6.9 作业环境

基坑内土方机械、施工人员的安全距离应符合规范要求。在电力、通信、燃气、上下水等管线2m范围内挖土时，应采取安全保护措施，并应设专人监护。

6.10 应急预案

基坑工程应按规范要求结合工程施工过程中可能出现的支护变形、漏水等影响基坑工程安全的不利因素制订应急预案。

应急组织机构应健全，应急的物资、材料、工具、机具等品种、规格、数量应满足应急的需要，并应符合应急预案的要求。

第七章 模板支架

7.1 施工方案

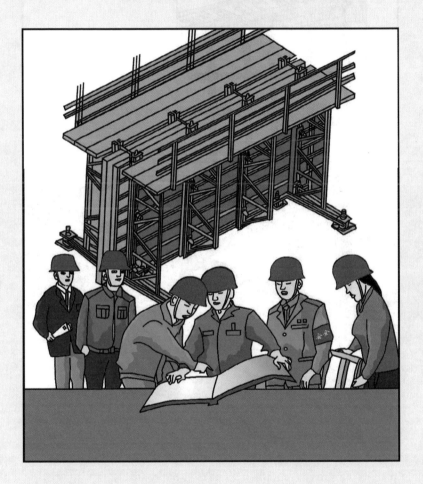

模板支架搭设、拆除前应编制专项施工方案，对支架结构进行设计计算，并按程序进行审核、审批。

模板支架搭设高度8m及以上；跨度18m及以上；施工荷载15kN/m^{2}及以上；集中线荷载20kN/m及以上的专项施工方案必须经专家论证。

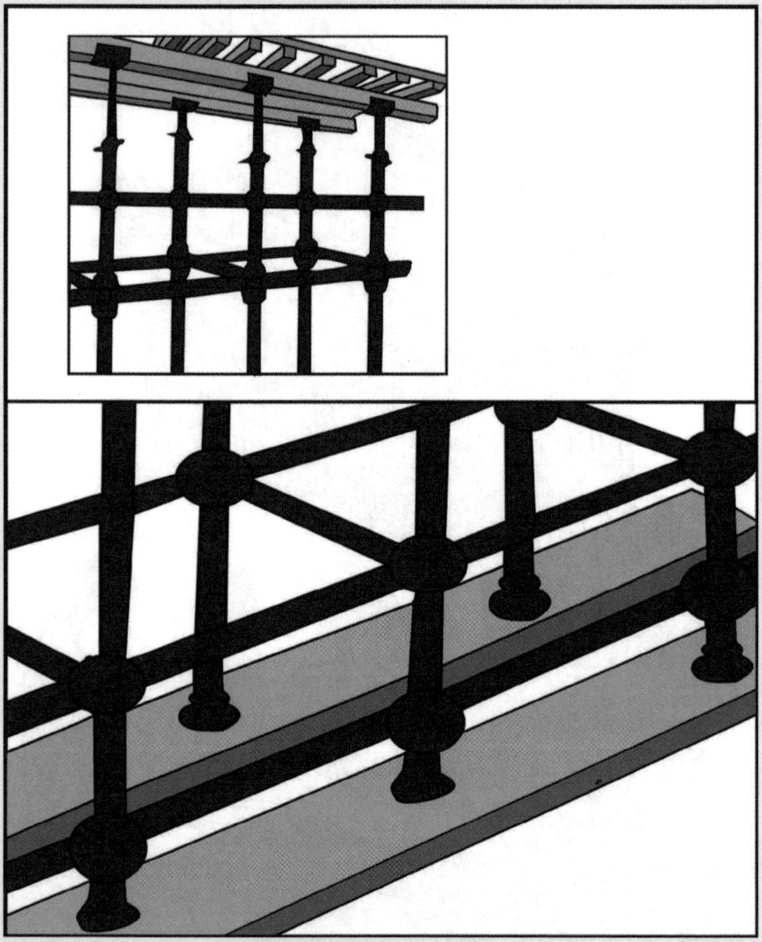

7.2 支架基础

支架基础承载力必须符合设计要求，应能承受支架上部全部荷载，必要时应进行夯实处理，并应设置排水沟、槽等设施。

支架底部应设置底座和垫板，垫板长度不小于2倍立杆纵距，宽度不小于200mm，厚度不小于50mm。

支架在楼面结构上应对楼面结构强度进行验算，必要时应对楼面结构采取加固措施。

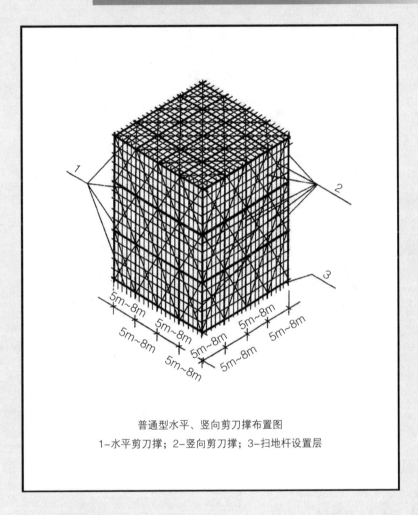

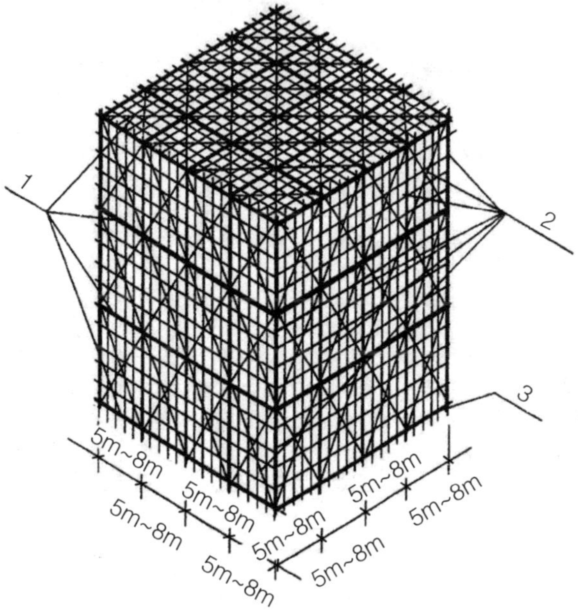

普通型水平、竖向剪刀撑布置图

1–水平剪刀撑；2–竖向剪刀撑；3–扫地杆设置层

7.3 支架构造

当支架高宽比大于规定值时，应按规定设置连墙杆或采用增加架体宽度的加强措施。

支架立杆伸出顶层水平杆中心线至支撑点的长度应符合规范要求。

浇筑混凝土时应对架体基础沉降、架体变形进行监控，基础沉降、架体变形应在规定允许范围内。

立杆间距、水平杆步距、符合设计和规范要求，竖向水平剪刀撑或专用斜杆的设置应符合规范要求。

没有问题，
可以浇筑

检查

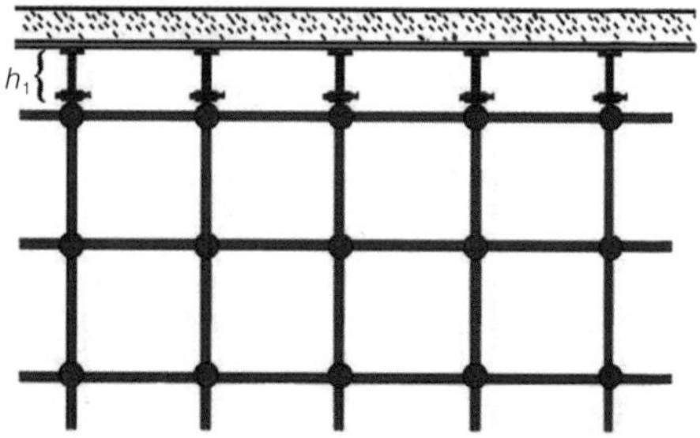

支架稳定图

h_1 立杆伸出顶层水平杆至支撑点的长度

碗扣式支架不应大于700mm
扣件式支架不应大于500mm

h_1

7.4 支架稳定

当支架立杆采用对接连接时，立杆伸出顶层水平杆中心线至支撑点的长度：碗扣式支架不应大于700mm；承插型盘扣支架不应大于650mm；扣件式支架不应大于500mm。

模板支架高宽比大于2时，为保证支架的稳定，必须按规定设置连墙件或采用其他加强构造的措施。

支架连墙件应采用刚性构件，同时应能承受拉、压荷载。连墙件的强度、间距应符合设计要求。

7.5 施工荷载

支架上部荷载应均匀布置，均布荷载、集中荷载应在设计允许范围内。

7.6 交底与验收

支架搭设前，应按专项施工方案及有关规定，对施工人员进行安全技术交底，交底应有文字记录。

支架搭设完毕，应组织相关人员对支架搭设质量进行全面验收，验收应有量化内容及文字记录，并应有责任人签字确认。

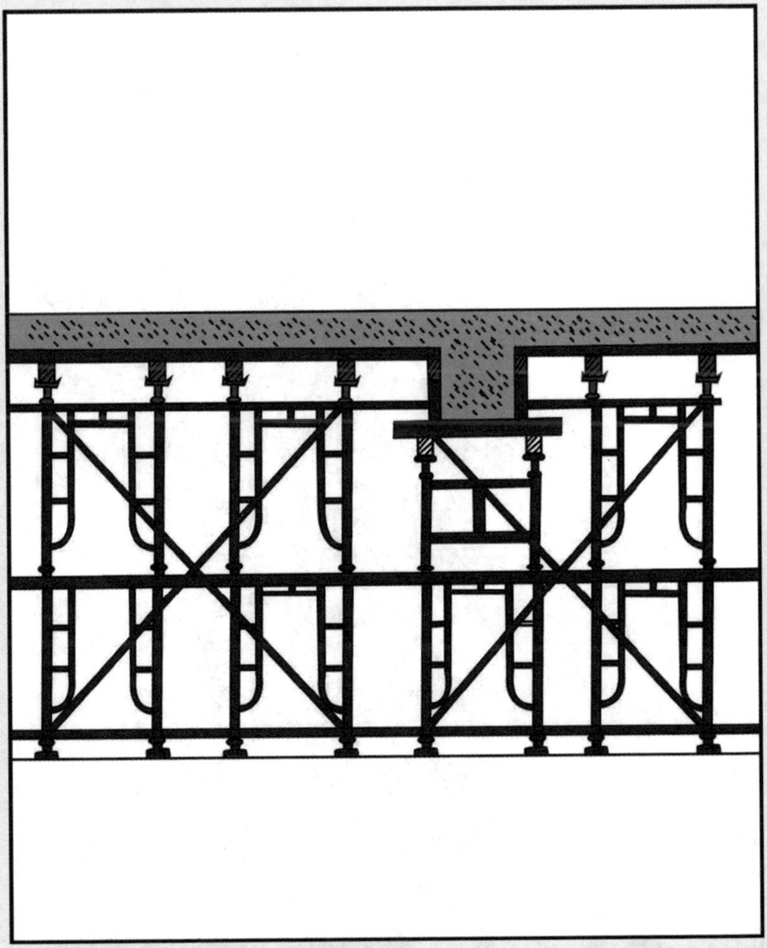

7.7　杆件连接

支架立杆应采用对接、套接或承插式连接方式，并应符合规范要求；当剪刀撑斜杆采用搭接时，搭接长度不应小于1m。

支架杆件各连接点的紧固应符合规范要求。

7.8 底座与托撑

支架立杆的可调底座、托撑螺杆直径应与立杆内径匹配，配合间隙应符合规范要求；螺杆旋入螺母内长度不应少于5倍的螺距。

7.9　构配件材质

模板支架的钢管壁厚、构配件规格、型号、材质应符合规范要求；杆件弯曲、变形、锈蚀量应在规范允许范围内。

底模拆除时的混凝土强度要求

构件类型	构件跨度（m）	达到设计的混凝土立方体抗压强度标准值的百分率（%）
板	≤2	≥50
	>2，≤8	≥75
	>8	≥100
梁、拱、壳	≤8	≥75
	>8	≥100
悬臂构件	—	≥100

7.10 支架拆除

模板支架拆除前，结构的混凝土强度应达到设计要求；支架拆除前应设置警戒区，并应设专人监护。

第八章　高处作业

8.1　安全帽

安全帽的质量必须符合国家相应标准，且应是经耐冲击、耐穿透等性能试验的合格产品。作业人员进入施工现场必须戴安全帽，并应系紧下颌带。

8.2 安全网

安全网的质量必须符合国家相应标准，且应是经抗冲击、耐穿透等性能试验和合格产品。在建工程外脚手架的外侧应采用密目式安全网进行封闭。

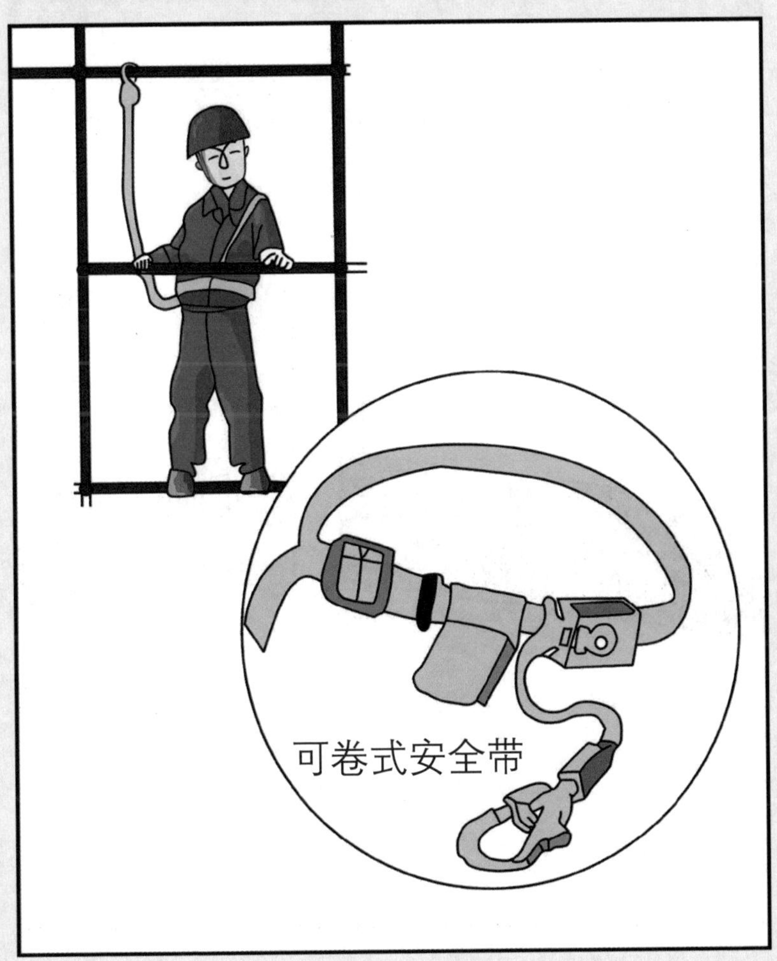

8.3 安全带

安全带的质量必须符合国家相应标准，且应是经抗冲击试验的合格产品。高处作业人员必须系挂安全带，并应遵守高挂低用的原则。

8.4 临边防护

高处作业的边缘无围护或围护设施高度低于800mm时，应按规范设置连续的临边防护设施。临边防护设施宜定型化、工具式，杆件的规格及连接固定方式应符合规范要求，高度不得低于1200mm，底端挡脚板高度不得低于180mm。

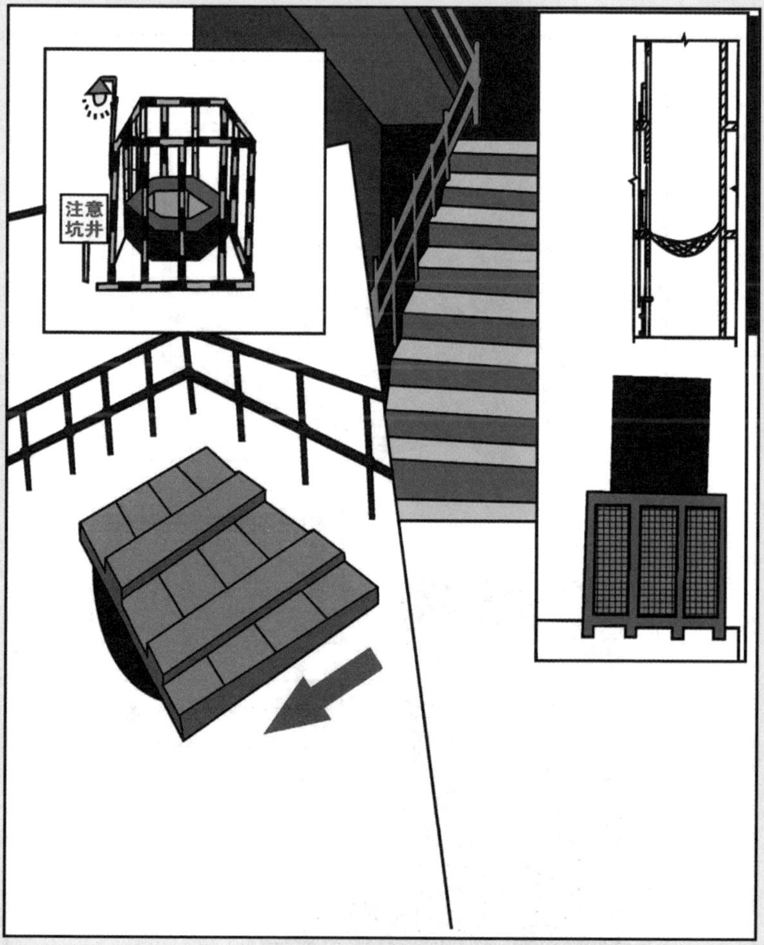

8.5 洞口防护

在建工程的预留洞口、楼梯口、电梯井口等孔洞应采取防护措施。防护设施宜定型化、工具式。当洞口短边大于250mm时，应采用盖板覆盖措施；较大洞口可采用钢防护网上铺脚手板等措施；边长大于1500mm的洞口，四周应设防护栏杆，并在洞口处张挂安全平网。电梯井内每隔二层且不大于10m应设置安全平网防护。

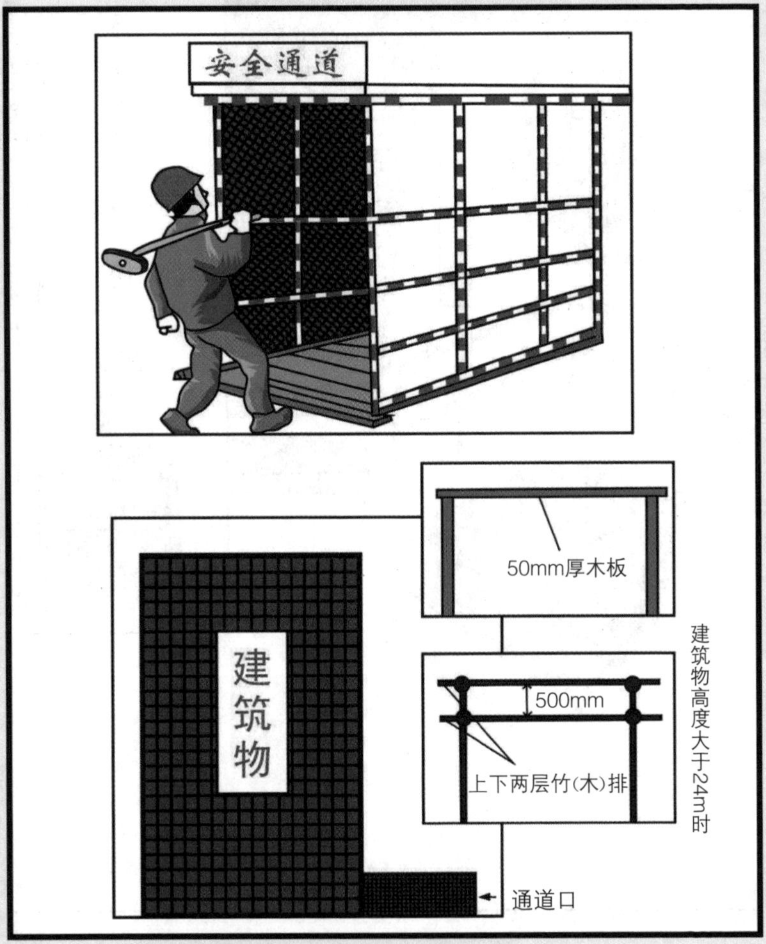

8.6 通道口防护

通道口防护应严密、牢固；防护棚两侧应采取封闭措施。防护棚宽度应大于通道口宽度，长度应大于3m。当建筑物高度超过24m时，通道口防护顶棚应采用双层防护。防护棚的材质应符合规范要求。

8.7 攀登作业

梯脚底部应坚实；折梯使用时上部夹角宜为35°～45°，并应设有可靠的拉撑装置。梯子的材质和制作质量应符合规范要求。

8.8 悬空作业

悬空作业处应设置防护栏杆或采取其他可靠的安全措施。悬空作业所使用的索具、吊具等应经验收合格后方可使用。悬空作业人员应系挂安全带、佩戴工具袋。

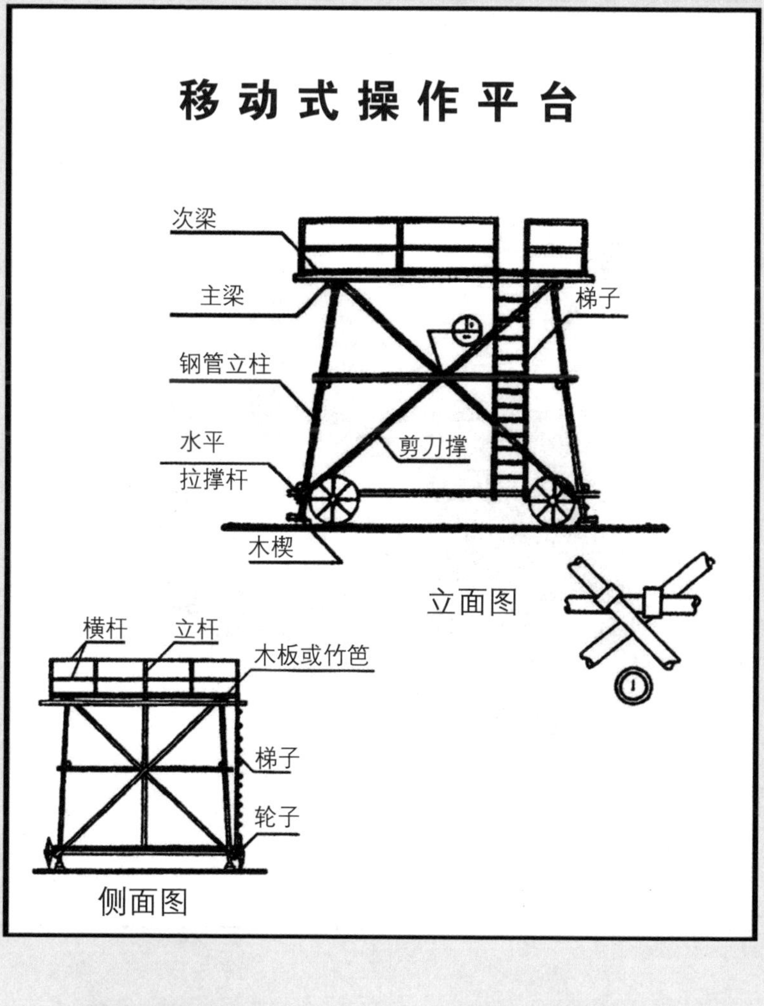

移动式操作平台

次梁
主梁
梯子
钢管立柱
水平
拉撑杆
剪刀撑
木楔
立面图
横杆
立杆
木板或竹笆
梯子
轮子
侧面图

8.9 移动式操作平台

操作平台应按规定进行设计计算，构造应符合规范要求。移动式操作平台轮子与平台连接应牢固、可靠，立柱底端距地面高度不得大于80mm。操作平台应按设计和规范要求进行组装，铺板应严密。操作平台四周应按规范要求设置防护栏杆，并应设置登高扶梯。操作平台的材质应符合规范要求。

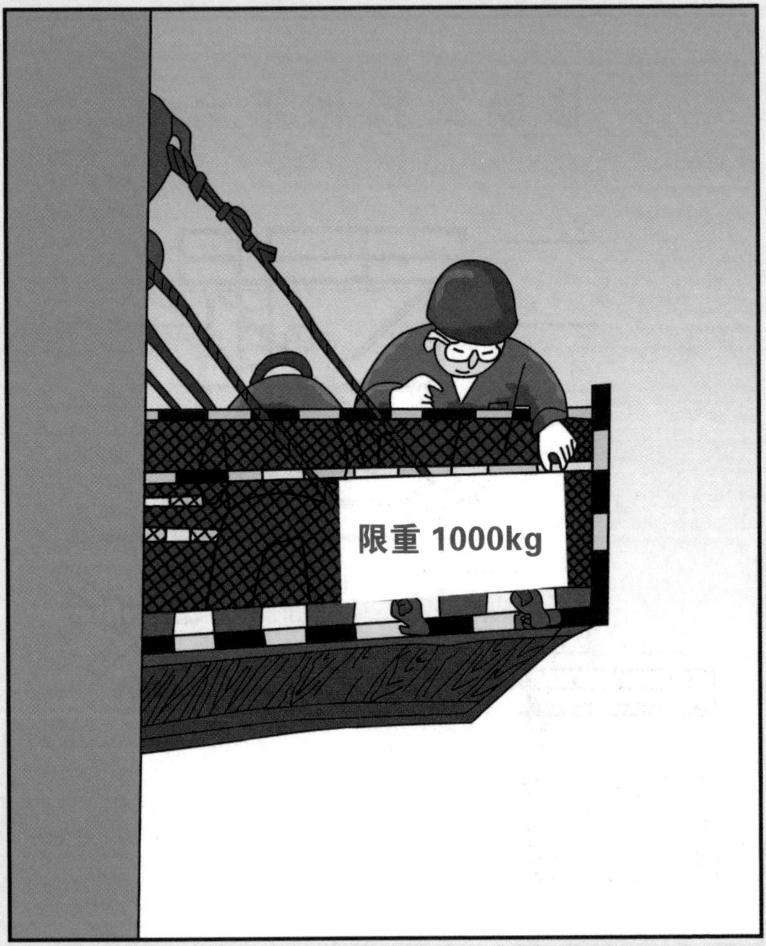

8.10 悬挑式物料钢平台

悬挑式物料钢平台的制作、安装应编制专项施工方案，并应进行设计计算。悬挑式物料钢平台的支撑系统与上部拉结点，应设置在建筑结构上。斜拉杆或钢丝绳应按规范要求在平台两侧各设置前后两道。钢平台两侧必须安装固定的防护栏杆，并应在平台明显处设置荷载限定标牌。钢平台台面、钢平台与建筑结构间铺板应严密、牢固。

第九章 施工用电

9.1 外电防护

外电线路与在建工程及脚手架、起重机械、场内机动车道应保持足够的安全距离。当安全距离不符合规范要求时，必须采取隔离防护措施，悬挂醒目的警示标志。防护设施应采用绝缘等材料搭设，搭设应坚固、稳定。

外电架空线路正下方不得施工、建造临时设施或堆放材料物品。

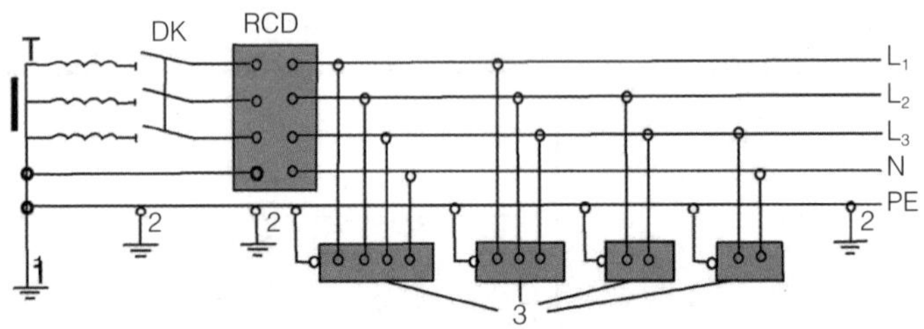

专用变压器供电时 TN-S 接零保护系统示意 1—工作接地；2—PE 线重复接地；3—电气设备金属外壳（正常不带电的外露可导电部分）；L1、L2、L3—相线；N—工作零线；PE—保护零线；DK—总电源隔离开关；RCD—总漏电保护器（兼有短路、过载、漏电保护功能的漏电断路器）；T—变压器（保护零线由专用变压器中性点接地处引出）

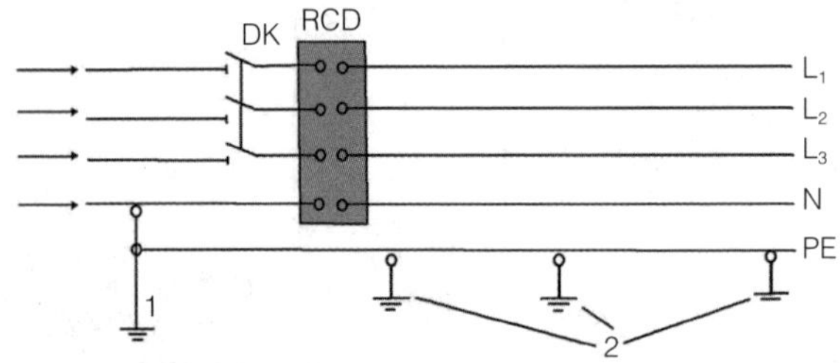

三相四线供电时局部 TN-S 接零保护系统保护零线引出示意 1—NPE 线重复接地；2—PE 线重复接地；L1、L2、L3—相线；N—工作零线；PE—保护零线；DK—总电源隔离开关；RCD—总漏电保护器（兼有短路、过载、漏电保护功能的漏电断路器）（保护零线由总配电箱电源进线零线重复接地处引出）

9.2 接地与接零保护系统

施工现场专用的电源中性点直接接地的低压配电系统应采用TN-S保护系统。同一配电系统不得采用两种保护方式。

保护零线应由工作接地线、总配电箱电源侧零线或总漏电保护器电源侧零线处引出。保护零线应采用符合规范要求的绝缘导线并单独敷设。

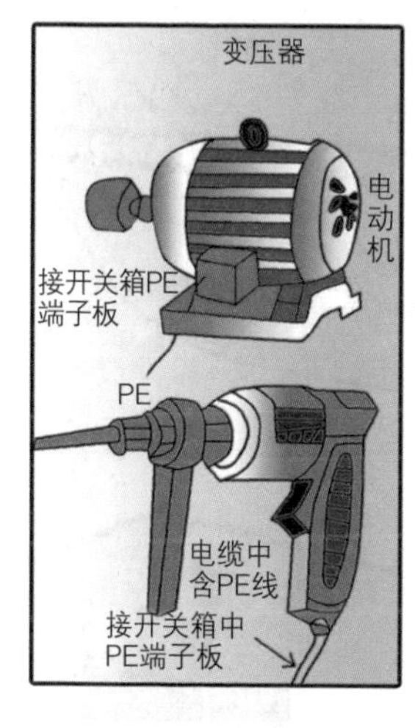

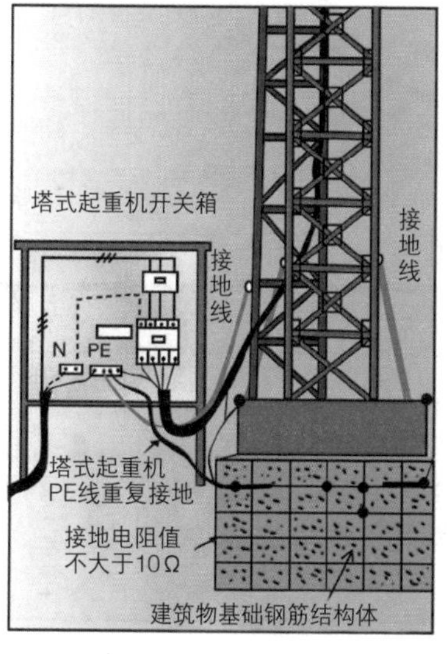

电气设备的金属外壳必须与保护零线连接。

保护零线应在总配电箱处、配电系统的中间处和末端处做重复接地，做防雷接地机械上的电气设备，保护零线必须同时做重复接地。起重机、施工升降机、脚手架等高大设备设施应采取防雷措施。

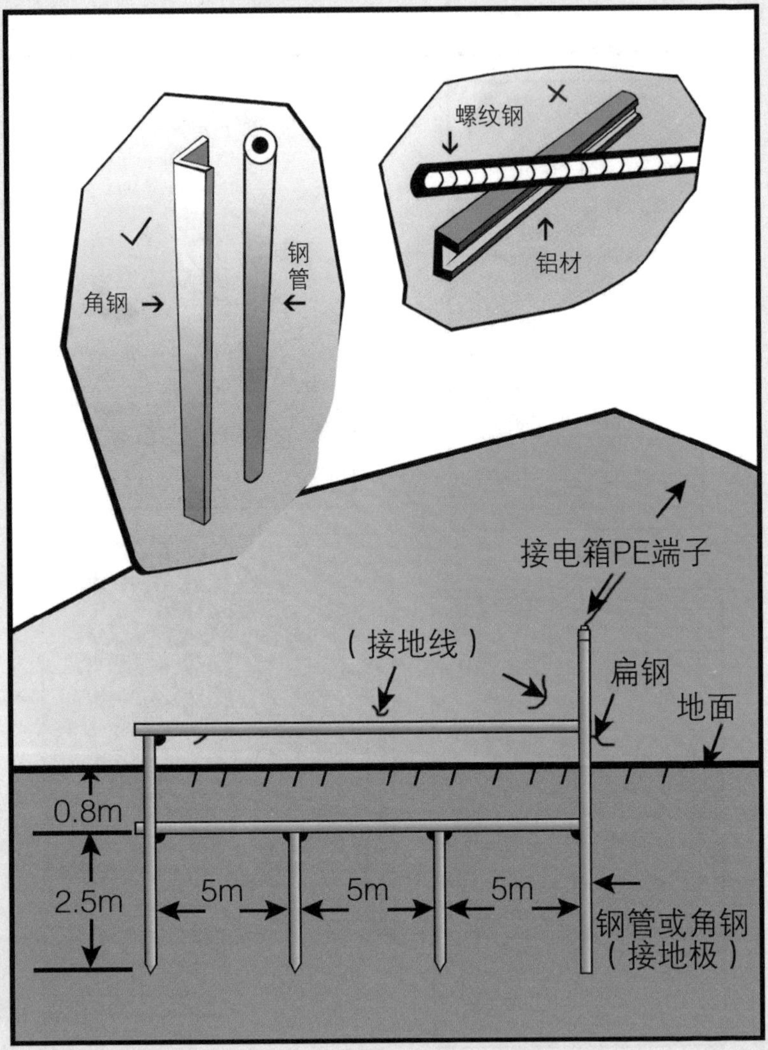

✓
角钢
钢管
×
螺纹钢
铝材
接电箱PE端子
（接地线）
扁钢
地面
0.8m
2.5m
5m
5m
5m
钢管或角钢
（接地极）

接地装置的材质、做法和接地电阻值应符合规范要求。

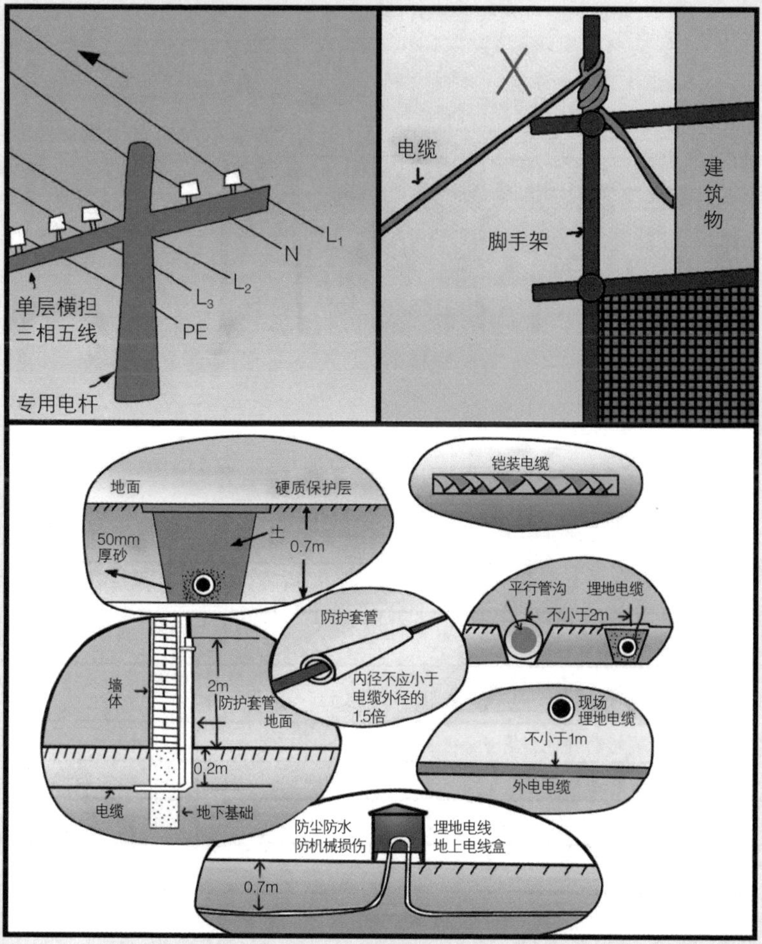

9.3 配电线路

施工现场应采用符合规范要求的绝缘导线，线路应设短路、过载保护，线路及接头应保证机械强度和绝缘强度。

施工现场配电线路可采用架空线路或电缆线路。架空线路的设施、材料以及相序排列、挡距、与邻近线路或固定物的距离应符合规范要求。

电缆应采用架空或埋地敷设，严禁沿地面明设或沿脚手架、树木、屋面等敷设。

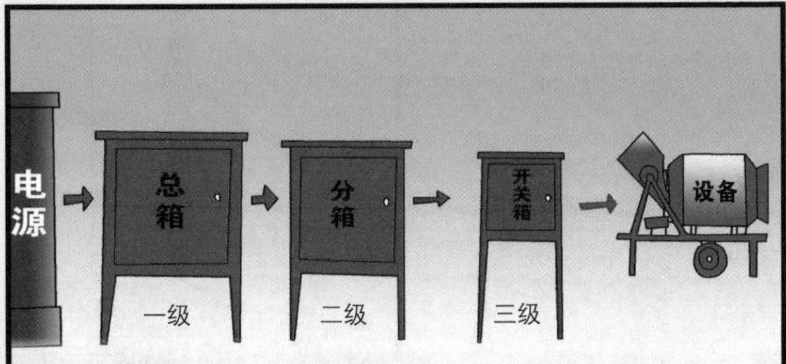

开关箱中漏电保护器额定漏电动作参数

额定漏电动作电流（mA）	一般场所	不大于 30
	潮湿或有腐蚀介质场所	不大于 15
额定漏电动作时间（s）　不大于 0.1		

总配电箱中漏电保护器额定漏电动作参数

额定漏电动作电流	（mA）	大于 30
额定漏电动作时间	（s）	大于 0.1
额定漏电动作电流与时间乘积	（mA•s）	不大于 30

9.4　配电箱与开关箱

施工现场配电系统应采用三级配电，即总配电箱、分配电箱、开关箱；二级保护，即在总配电箱和开关箱设漏电保护器。用电设备必须有各自专用的开关箱。分配电箱与开关箱的距离不超过30m，开关箱与用电设备间不超过3m。

配电箱必须分设工作零线端子板和保护零线端子板，保护零线、工作零线必须通过各自的端子板连接；总配电箱与开关箱漏电保护器参数应匹配并灵敏可靠。

箱体结构、箱内电器设置及使用应符合规范要求，箱体应设置系统接线图和分路标记并有门、锁及防雨措施。箱体安装位置、高度及周边通道应符合规范要求。

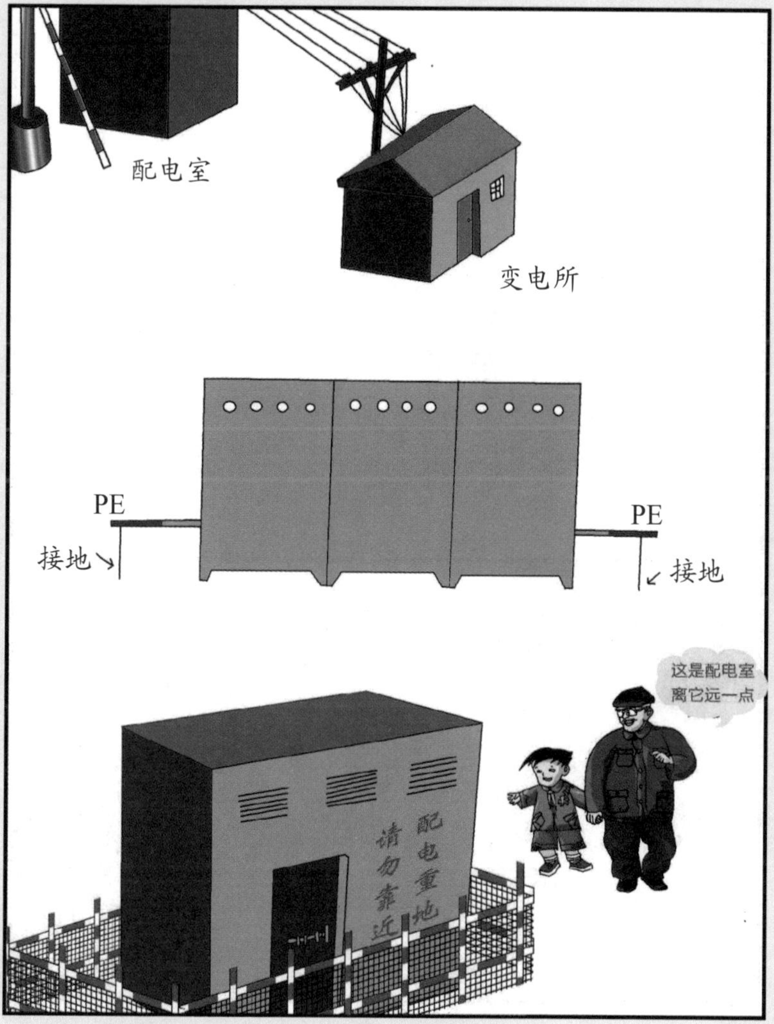

配电室
变电所
PE
接地
PE
接地
这是配电室
离它远一点
配电重地
请勿靠近

9.5 配电室与配电装置

配电室的建筑耐火等级不应低于三级，并应配置适用于电气火灾的灭火器材。配电室应采取防止风雨和小动物侵入的措施，配电室应设置警示标志、工地供电平面图和系统图。

配电室、配电装置的布设以及仪表、电器元件设置应符合规范要求。

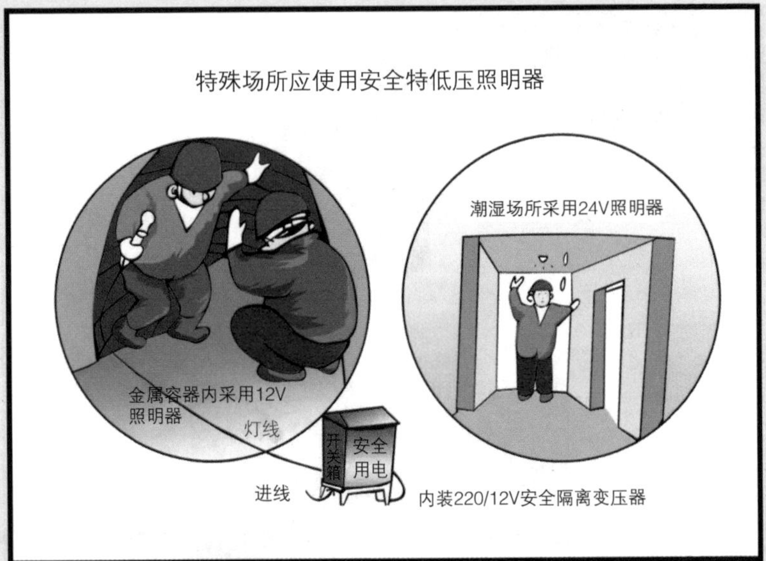

9.6 现场照明

照明用电与动力用电应分设。照明线路和安全电压线路按规定架设。

特殊场所和手持照明灯应采用安全电压供电，照明变压器应采用双绕组安全隔离变压器。

灯具金属外壳应接保护零线，灯具与地面、易燃物间应保持安全距离。

施工现场应按规范要求配备应急照明。

9.7 用电档案

总包单位与分包单位应签订临时用电管理协议，明确各方相关责任。

施工现场应制定专项用电施工组织设计、外电防护专项方案，并应履行审批程序，实施后应由相关部门组织验收。

用电档案资料应齐全，并设专人管理。用电各项记录应按规定填写，记录内容应真实有效。

第十章　物料提升机

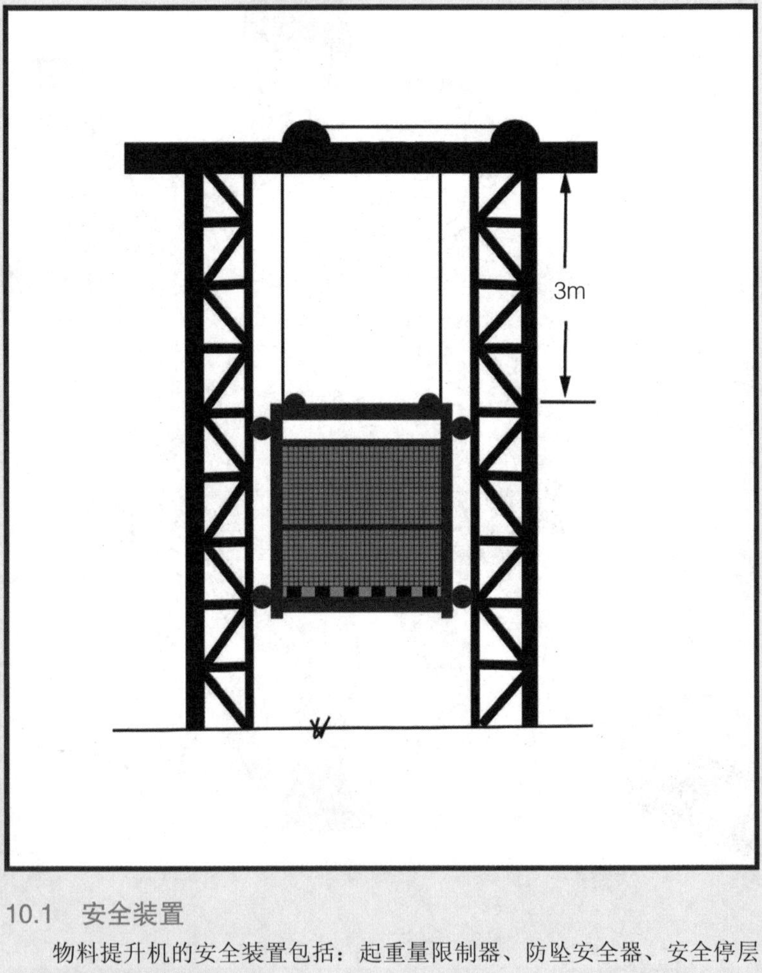

10.1　安全装置

物料提升机的安全装置包括：起重量限制器、防坠安全器、安全停层装置及上行程限位器。

安全停层装置应能承受吊笼停层时的全部荷载，并应为刚性机构。

上行限位器应能使吊笼上升至限位定位时，触发限位开关制停吊笼。上部越程距离不应小于3m。

安装高度超过30m的物料提升机应安装渐进式防坠安全器及自动停层、语音影像信号监控装置。

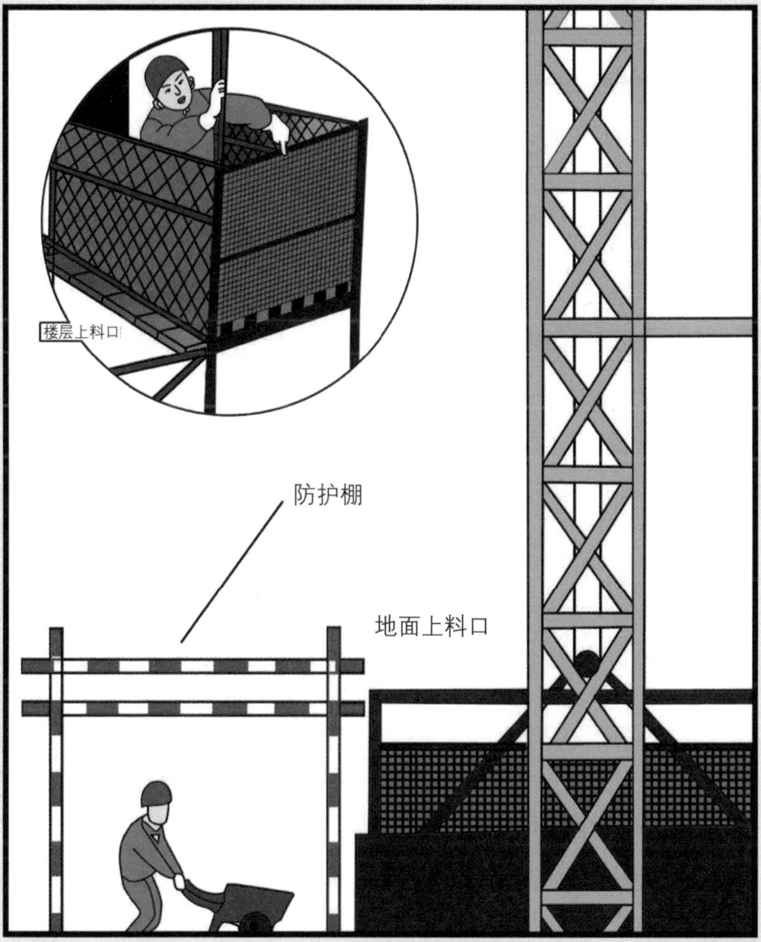

楼层上料口

防护棚

地面上料口

10.2 防护设施

物料提升机的防护设施包括：防护围栏、防护棚、停层平台及平台门。

防护围栏高度不应低于1.8m，围栏立面可采用网板结构，强度应符合规范要求。

防护棚长度不应小于3m，宽度应大于吊笼宽度，顶部可采用厚度不小于50mm的木板搭设，当建筑结构超过24m时，顶部应采用两层木板搭设。平台门的高度不宜低于1.8m，平台门应采用工具式，强度应符合规范要求。

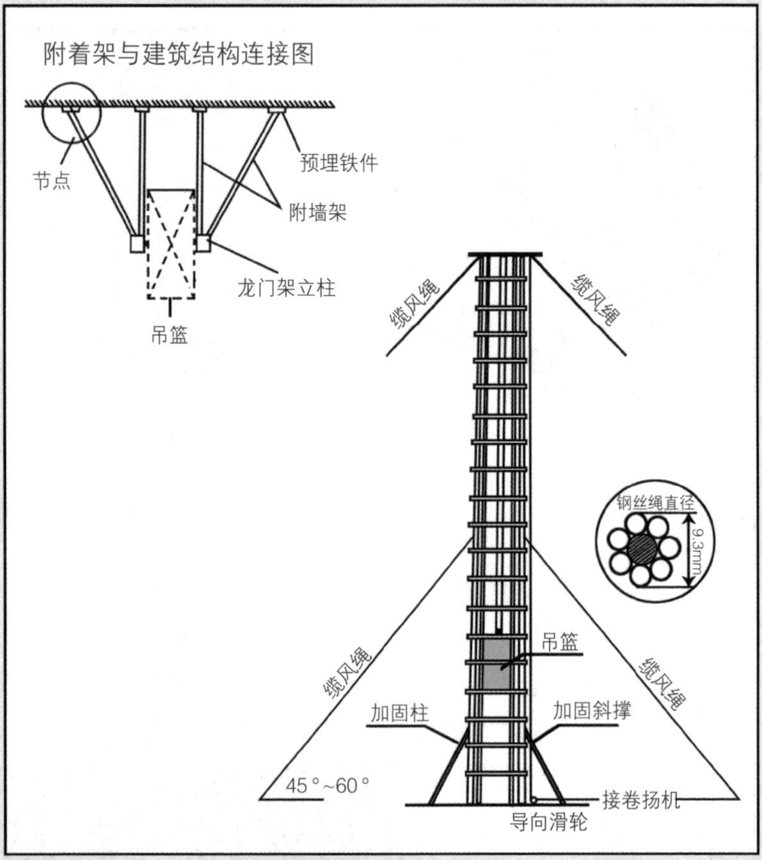

附着架与建筑结构连接图

节点
预埋铁件
附墙架
龙门架立柱
吊篮

缆风绳
缆风绳
钢丝绳直径
9.3mm
吊篮
缆风绳
缆风绳
加固柱
加固斜撑
45°~60°
接卷扬机
导向滑轮

10.3 附墙架与缆风绳

当导轨架的安装高度超过设计的最大独立高度时，必须安装附墙架，宜采用制造商提供的标准附墙架，当标准附墙架不能满足要求时，可经设计计算采用非标附墙架。附墙架间距、自由端高度应符合说明书要求，并应与建筑结构刚性连接。

当安装条件受到限制，不能使用附墙架时，可采用缆风绳。缆风绳应采用钢丝绳，直径不应小于8mm，安全系数不应小于3.5。缆风绳的设置数量、位置应符合规范要求，与水平面夹角宜为45°～60°之间，并应采用花篮螺栓与地锚连接。

当物料提升机安装高度大于或等于30m时，不得使用缆风绳。地锚应根据物料提升机的安装高度及土质情况，经设计计算确定。

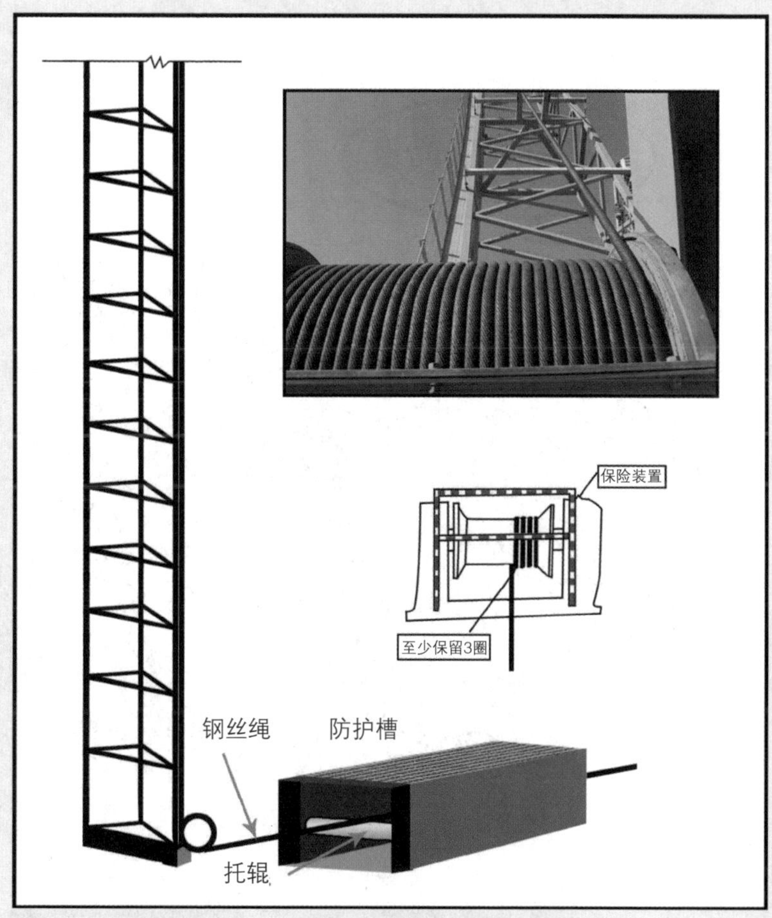

10.4 钢丝绳

卷扬机用钢丝绳的选用应符合现行国家标准《钢丝绳》GB/T8918的规定。钢丝绳的磨损、断丝、变形、锈蚀应在规范允许范围内。

提升吊笼钢丝绳直径应不小于12mm，安全系数不应小于8，安装吊杆钢丝绳直径不应小于6mm，安全系数不应小于8。

当吊笼处于最低位置时，卷筒上钢丝绳严禁少于3圈；钢丝绳夹规格应与钢丝绳匹配，数量不应小于3个，间距不应小于绳径的6倍，绳夹夹座应安装在长绳一侧。

钢丝绳应设置防护槽，槽内应设置滚动托架，钢丝绳不得拖地或浸泡在水中。

10.5 安拆、验收与使用

安装、拆卸单位应具有起重设备安装工程专业承包资质及安全生产许可证，安装、拆卸作业人员必须经专门培训，取得特种作业资格证，持证上岗。

安装、拆卸作业前应编制专项施工方案，且应经单位技术负责人审批后实施。

物料提升机安装完毕应履行验收程序，验收表应有量化内容，且应有责任人签字确认。

物料提升机作业前应按规定进行例行检查，并填写检查记录。

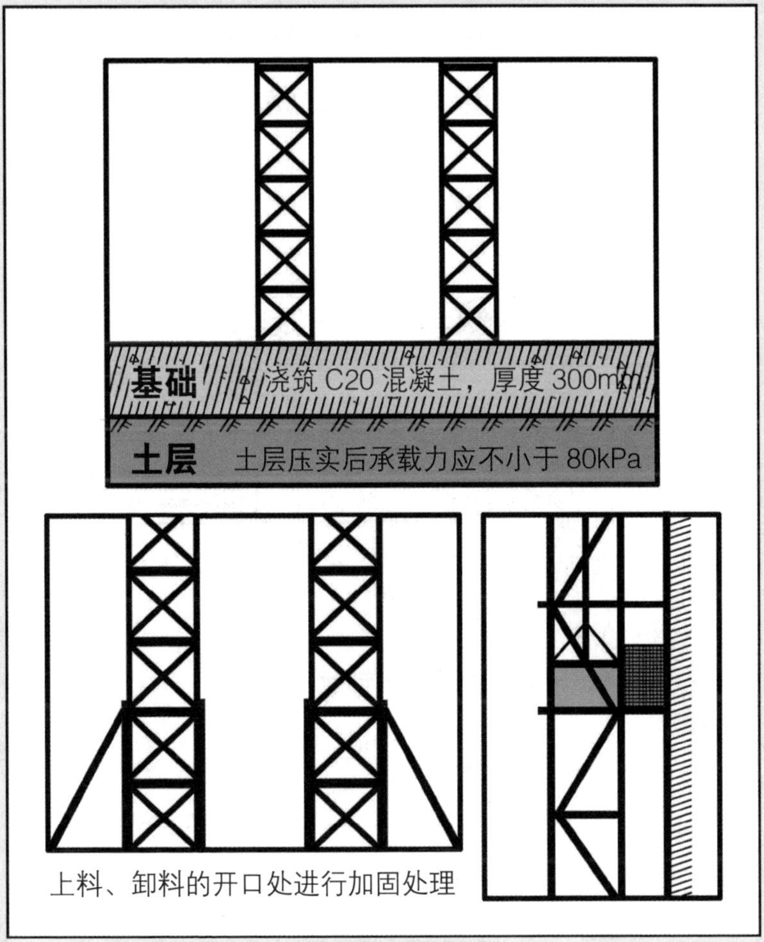

基础　浇筑 C20 混凝土，厚度 300mm

土层　土层压实后承载力应不小于 80kPa

上料、卸料的开口处进行加固处理

10.6　基础与导轨架

物料提升机的基础应能承受最不利工作条件下的全部荷载，安装高度30m及以上的物料提升机的基础应进行设计计算。基础周边应设排水设施，导轨架垂直偏差不应大于导轨架高度的0.15%，井架停层平台通道处的结构应采取加强措施。

卷扬机固定示意图

（a）基础固定；（b）压重物固定；（c）桩固定；（d）锚碇固定
1.卷扬机　2.钢丝绳　3.混凝土基础　4.压重
5.桩　6.板　7.素土夯实（或混凝土）　8.锚碇

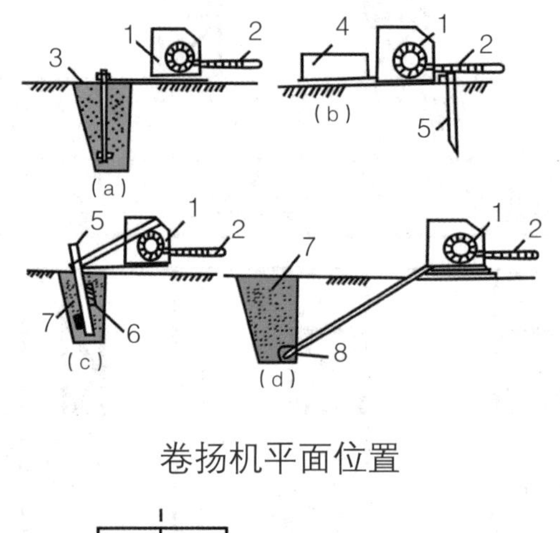

卷扬机平面位置

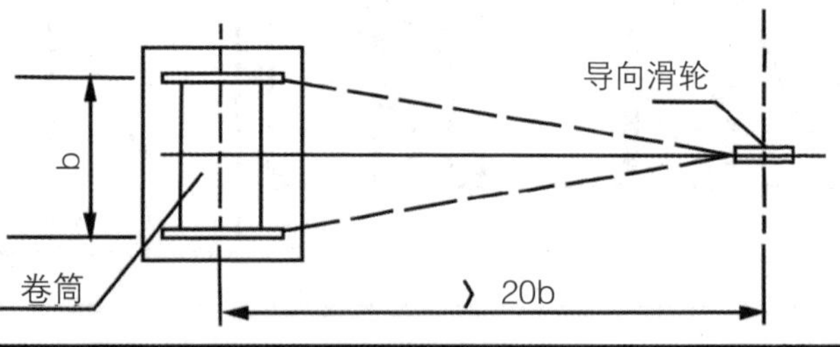

10.7　动力与制动

卷扬机、曳引机的牵引动力应满足物料提升机的设计要求。

卷扬机、曳引机应安装牢固，视线良好。当卷扬机卷筒与导轨底部导向轮的距离小于20倍卷筒宽度时应设排绕器，卷筒、滑轮应设置防止钢丝绳脱出装置。

当曳引钢丝绳为2根及以上时，应设置曳引力平衡装置。

10.8 通信装置

当司机对吊笼升降运行、停层平台观察视线不清时，必须设置通信装置。通信装置应同时具备语音和图像显示功能。

10.9　卷扬机操作棚

卷扬机操作棚应采用定型化、装配式，应具有防雨功能，顶部的强度、操作空间应符合规范要求。

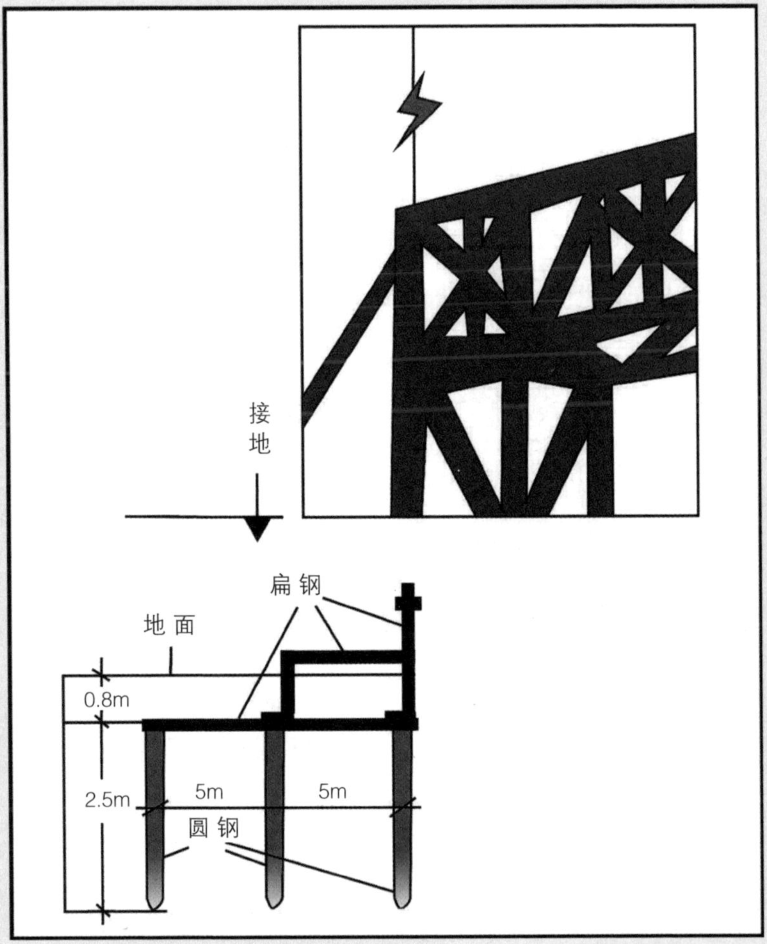

接地
扁钢
地面
0.8m
2.5m
5m
5m
圆钢

10.10 避雷装置

当物料提升机未在其他防雷保护范围内时，应设置避雷装置，并应符合现行行业标准《施工现场临时用电安全技术规范》JGJ46的规定。

第十一章　施工升降机

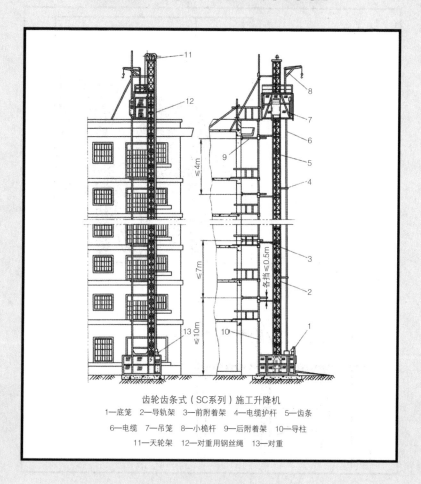

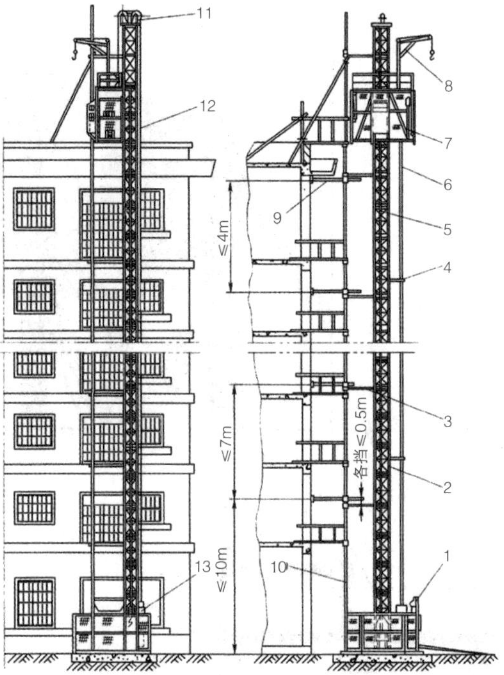

齿轮齿条式（SC系列）施工升降机

1—底笼　2—导轨架　3—前附着架　4—电缆护杆　5—齿条
6—电缆　7—吊笼　8—小桅杆　9—后附着架　10—导柱
11—天轮架　12—对重用钢丝绳　13—对重

11.1　安全装置

施工升降机的安全装置包括：起重量限制器、防坠安全器、防松绳装置、急停开关、缓冲器和安全钩。

安全装置应按规定进行调试，必须保证灵敏可靠，防坠安全器应在有效的标定期限内使用，有效标定期限不得超过一年。

11.2 限位装置

施工升降机的安全限位装置包括：限位开关、极限开关和吊笼门、顶窗机电联锁装置。

安全限位装置应按规定进行调试，必须保证灵敏可靠，上极限开关与上限位开关之间的安全越程不应小于0.15m。

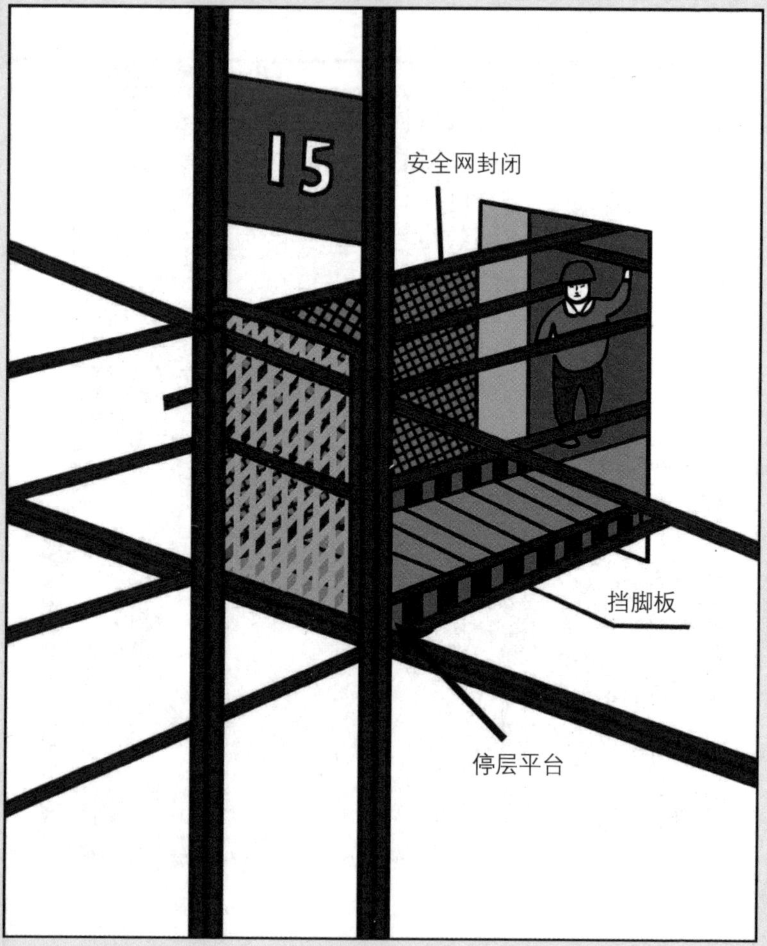

15

安全网封闭

挡脚板

停层平台

11.3 防护设施

施工升降机的防护设施包括：地面防护围栏、出入通道防护棚、停层平台和平台门。

地面防护围栏高度不应低于1.8m，强度应符合规范要求。出入通道防护棚应按规范搭设。

停层平台应能承受3kN/㎡的荷载，平台两侧应设置两道防护栏杆，挡脚板高度不应小于180mm。平台门高度不应小于2m，且应为工具式，强度应符合规范要求。

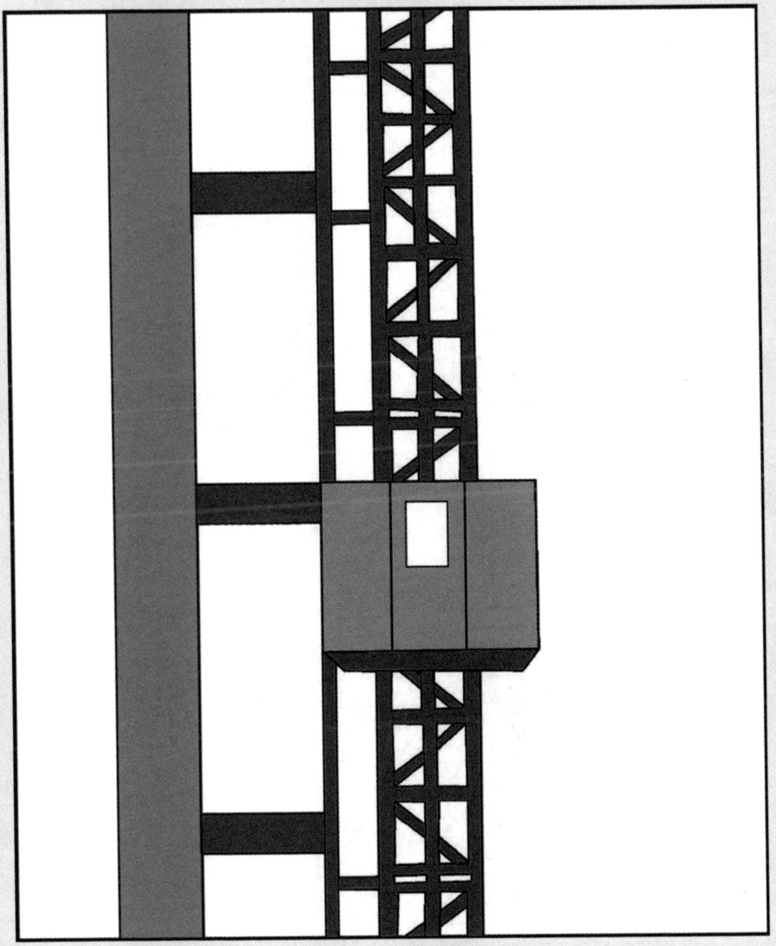

11.4 附墙架

附墙架应采用配套标准产品，当附墙架不能满足施工现场要求时，应对附墙架另行设计，附墙架的设计应满足构件刚度、强度、稳定性等要求，制作应满足设计要求。

附墙架间距、最高附着点以上导轨架的自由高度应符合产品说明书要求。

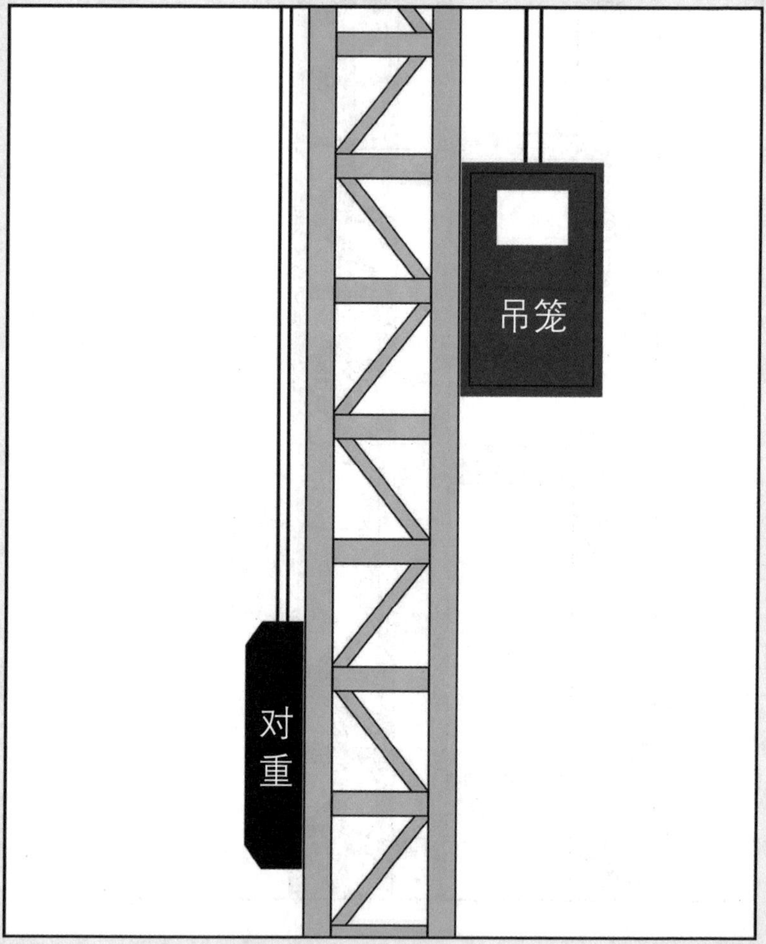

11.5 钢丝绳、滑轮与对重

齿轮及齿条式施工升降机对重钢丝绳绳数不得少于2根且应互相独立。每根钢丝绳直径不应小于9mm，安全系数不应小于6，钢丝绳磨损、变形、锈蚀应在规范允许范围内。

11.6 安拆、验收与使用

安装、拆卸单位应具有设备安装工程专业承包资质及安全生产许可证，安装、拆卸作业人员必须经专门培训，取得特种作业资格证，持证上岗。

安装、拆卸作业前应编制专项施工方案，且应经单位技术负责人审批后实施。

施工升降机安装完毕应履行验收程序，验收表应有量化内容，且应有责任人签字确认。

施工升降机作业前应按规定进行例行检查，并填写检查记录。

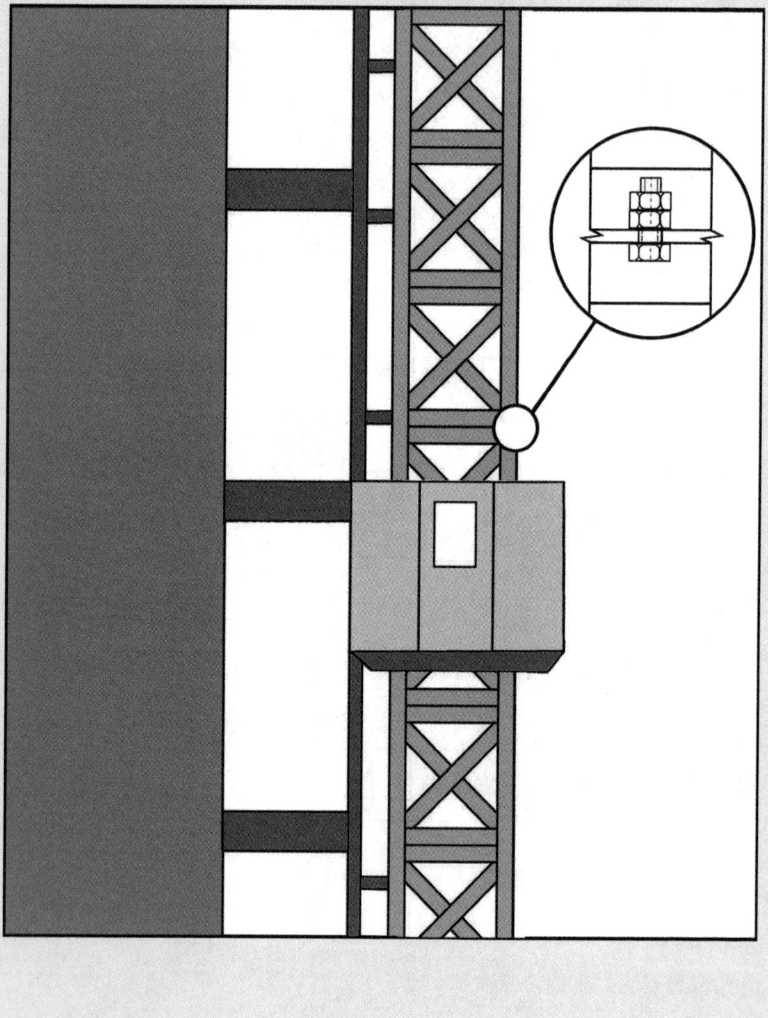

11.7　导轨架

导轨架的垂直度应符合规范要求。

标准节连接螺栓的紧固力矩应符合产品说明书的要求。

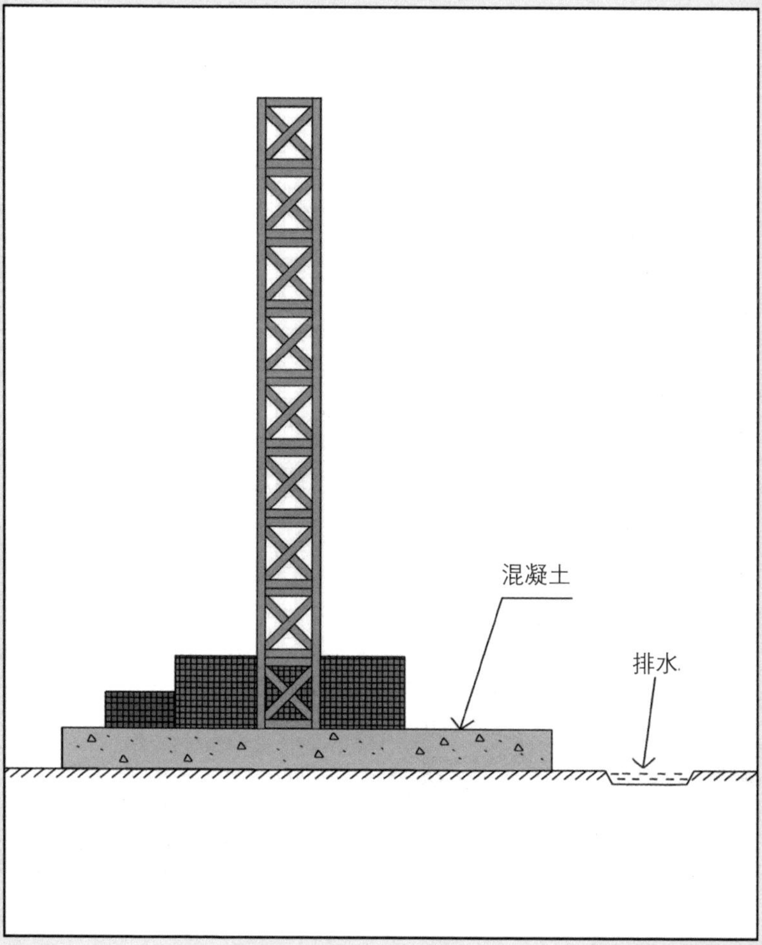

11.8 基础

基础应能承受最不利工作条件下的全部荷载，并应设有排水设施。基础设置在地下室顶板或楼面结构上，应对其支撑结构进行承载力验算。

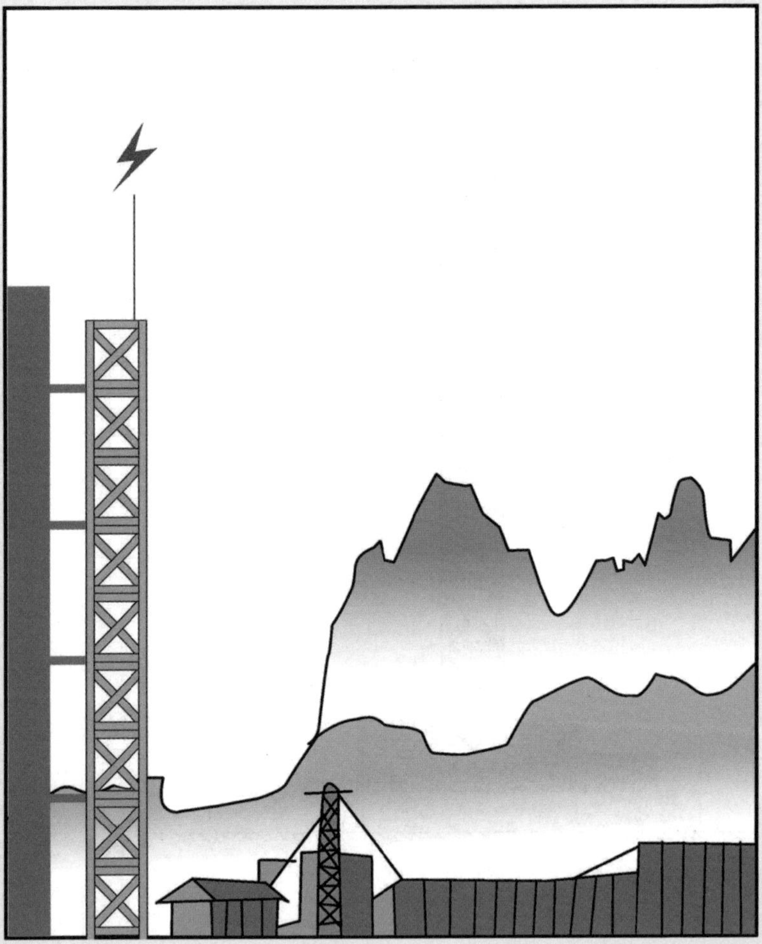

11.9 电器安全

施工升降机与架空线路的安全距离和防护措施应符合规范要求。

施工升降机在其他避雷装置保护范围外应设置避雷装置，并应符合规范要求。

电缆导向架的设置应符合产品说明书和规范要求。

11.10　通信装置

通信装置应安装楼层信号联络装置，并应清晰有效。

第十二章　塔式起重机

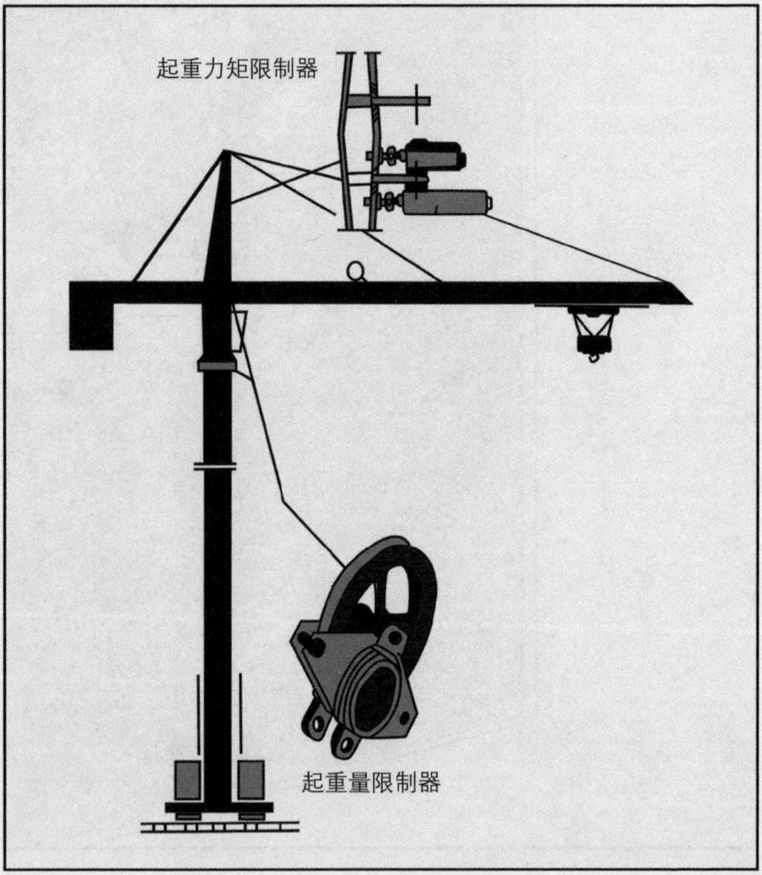

起重力矩限制器

起重量限制器

12.1　荷载限制装置

塔式起重机的荷载限制装置包括：起重量限制器和起重力矩限制器，是保证塔式起重机安全作业的重要安全装置，安装后必须按规定进行调试，并应灵敏可靠。

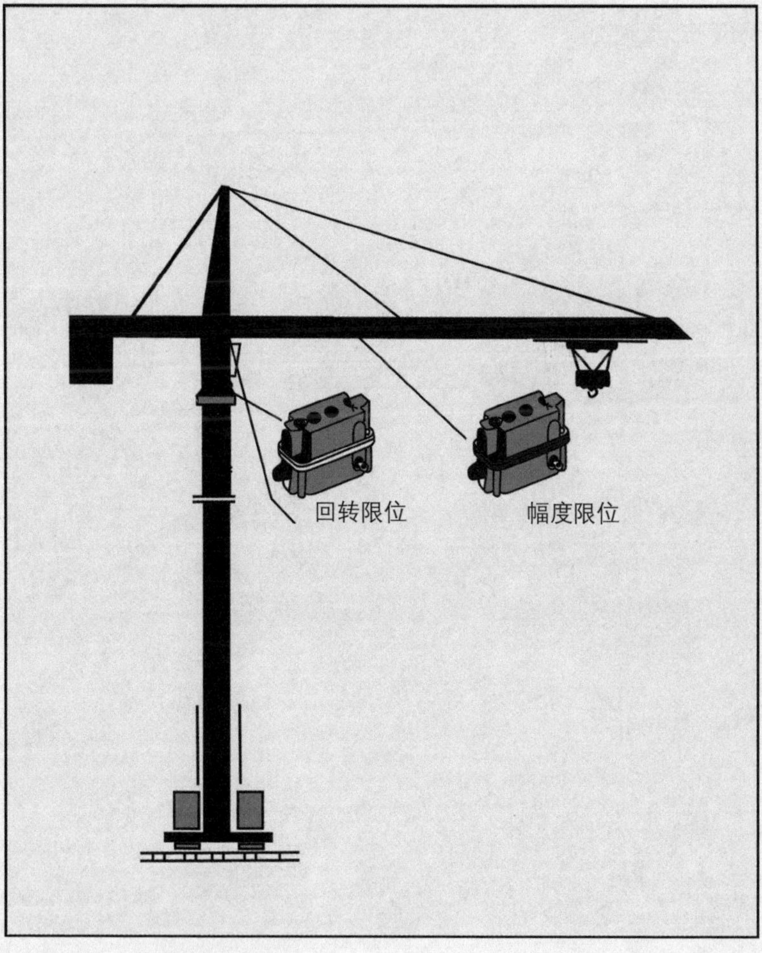

回转限位　幅度限位

12.2　行程限位装置

塔式起重机的行程限位装置包括：起升高度限制器、幅度限位、回转和行走限位器，各限位器应按规定进行调试，并应保证灵敏有效。

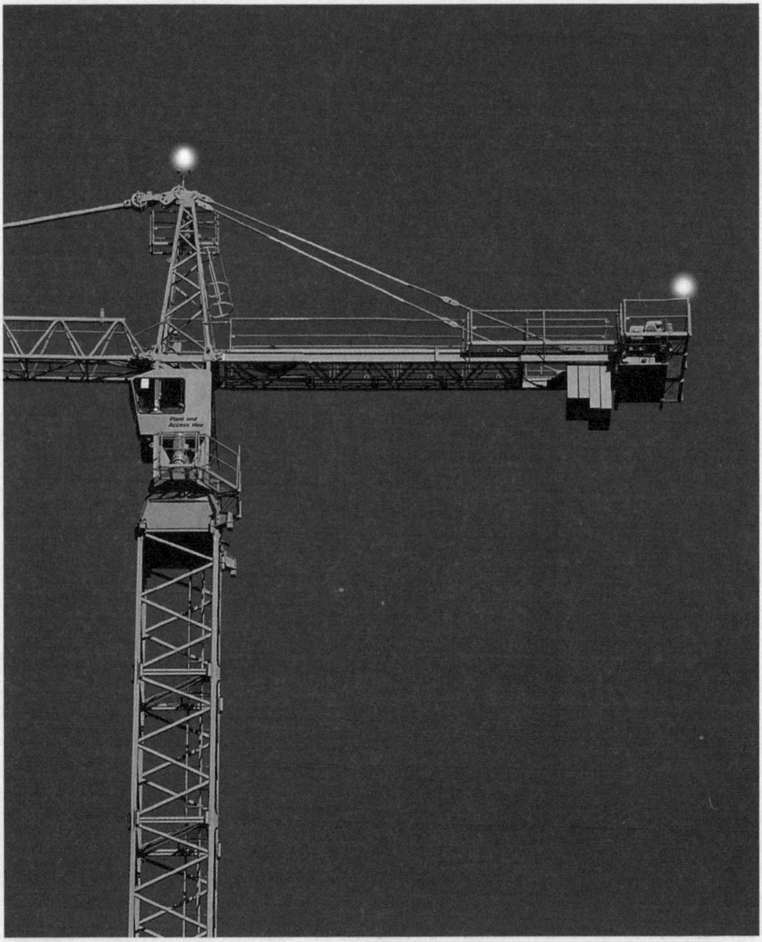

12.3 保护装置

塔式起重机的保护装置包括：小车断绳、小车断轴保护装置、缓冲器和止挡装置及风速仪、障碍指示灯，上述保护装置应按规定安装齐全，并应有效。

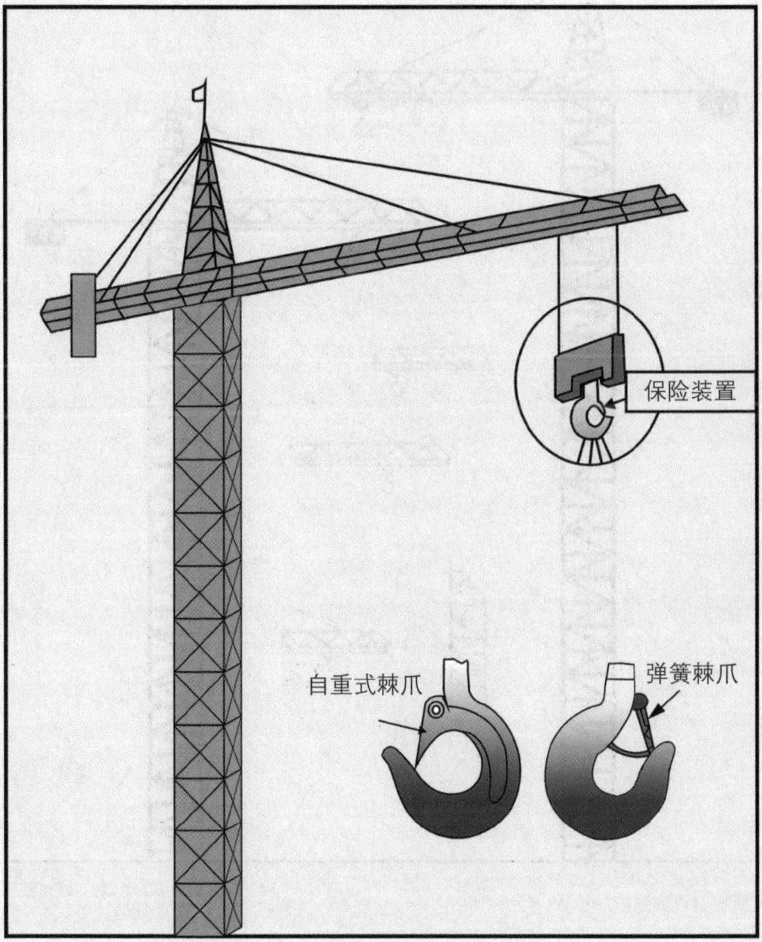

12.4 吊钩、滑轮、卷筒与钢丝绳

吊钩、卷筒、滑轮的磨损、变形量应在规范允许范围。吊钩、卷筒、滑轮应安装防止钢丝绳脱出装置。

钢丝绳的磨损、变形、锈蚀应在规定允许范围内，钢丝绳的规格、固定、缠绕应符合说明书及规范要求。

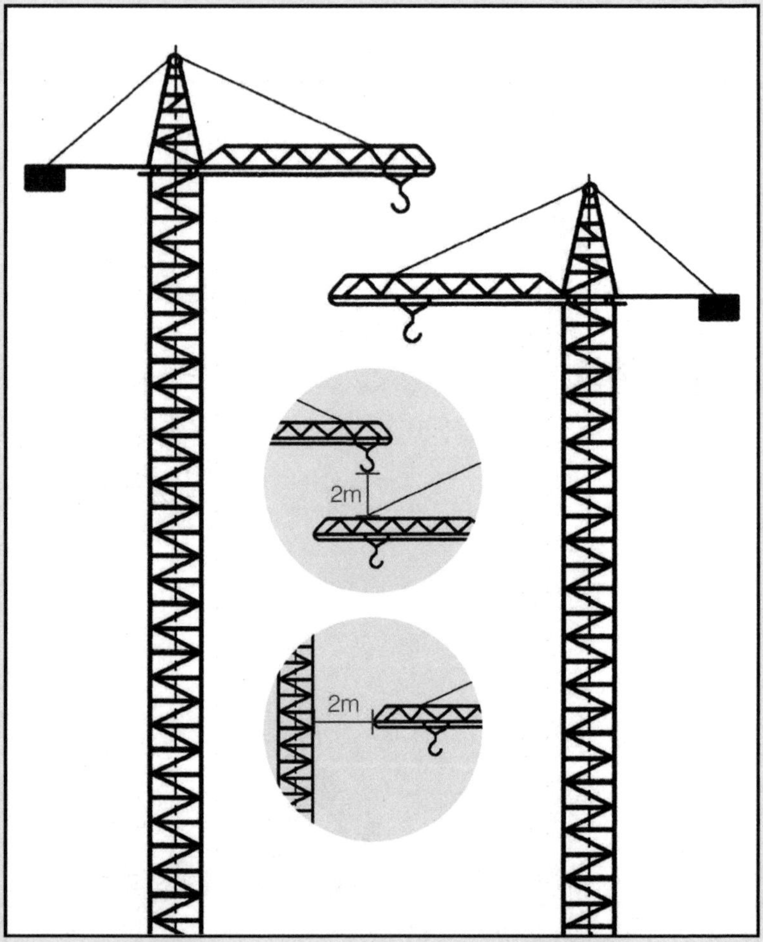

12.5 多塔作业

多塔作业应制定专项施工方案并经过审批。任意两台塔式起重机之间的最小架设距离应符合以下规定。

1. 低位塔机的起重臂端部与相邻塔机塔身间的距离不得小于2m；

2. 高位塔机的最低位置的部件与相邻塔机最高位置部件间的垂直距离不得小于2m。

12.6 安拆、验收与使用

安装、拆卸单位应具有设备安装工程专业承包资质及安全生产许可证，安装、拆卸作业人员必须经专门培训，取得特种作业资格证，持证上岗。

安装、拆卸作业前应编制专项施工方案，且应经单位技术负责人审批后实施。

塔式起重机安装完毕应履行验收程序，验收表应有量化内容，且应有责任人签字确认。

塔式起重机作业前应按规定进行例行检查，并填写检查记录。

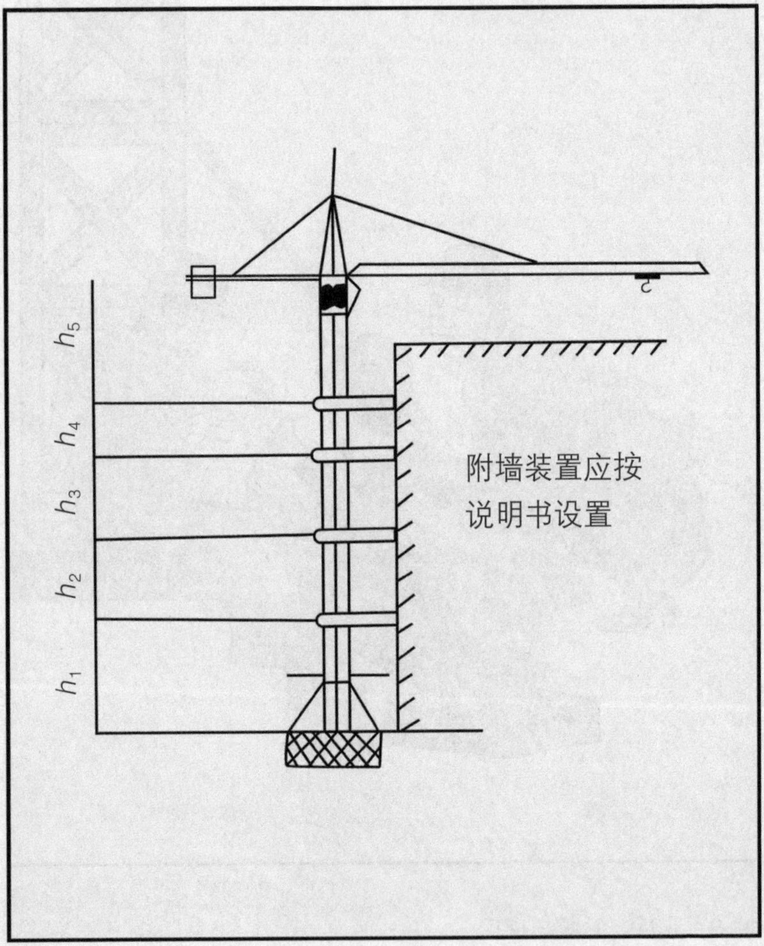

h_5 h_4 h_3 h_2 h_1

附墙装置应按说明书设置

12.7 附着

当塔式起重机高度超过产品说明书规定时，应安装附着装置，附着装置的垂直距离及塔机的悬臂高度不得大于说明书规定值。当附着装置的水平距离不能满足产品说明书要求时，应严格按规定进行设计计算和审批。

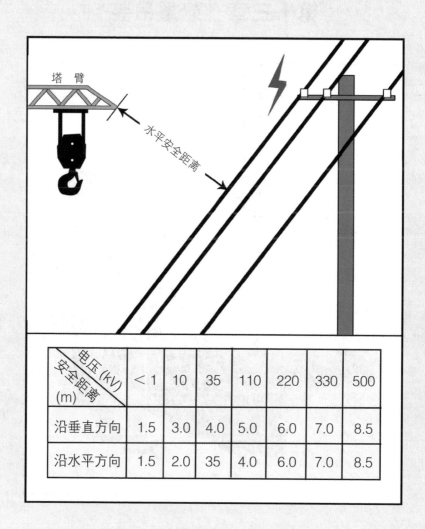

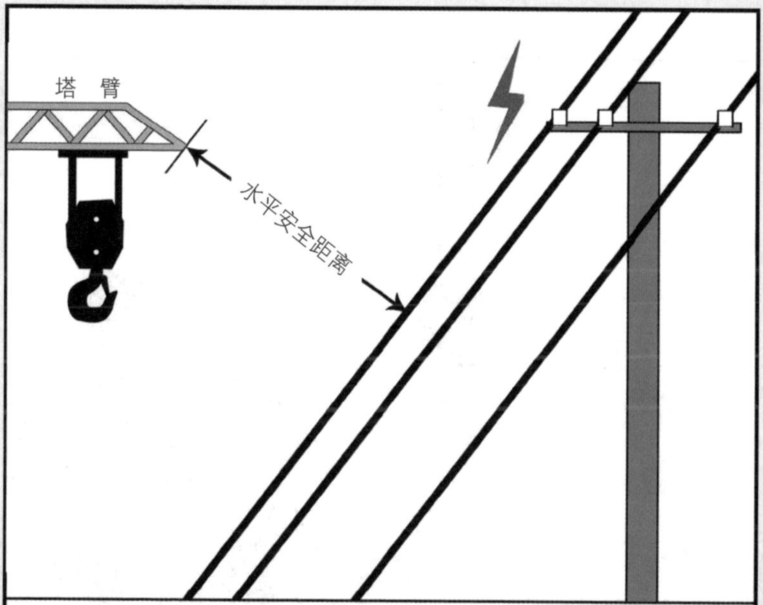

塔 臂

水平安全距离

电压(kV) / 安全距离(m)	＜1	10	35	110	220	330	500
沿垂直方向	1.5	3.0	4.0	5.0	6.0	7.0	8.5
沿水平方向	1.5	2.0	35	4.0	6.0	7.0	8.5

12.8 电器安全

塔式起重机应采用TN-S接零保护系统供电。

塔式起重机与架空线路的安全距离和防护措施应符合规范要求。

塔式起重机应安装避雷接地装置，并应符合规范要求。

第十三章　起重吊装

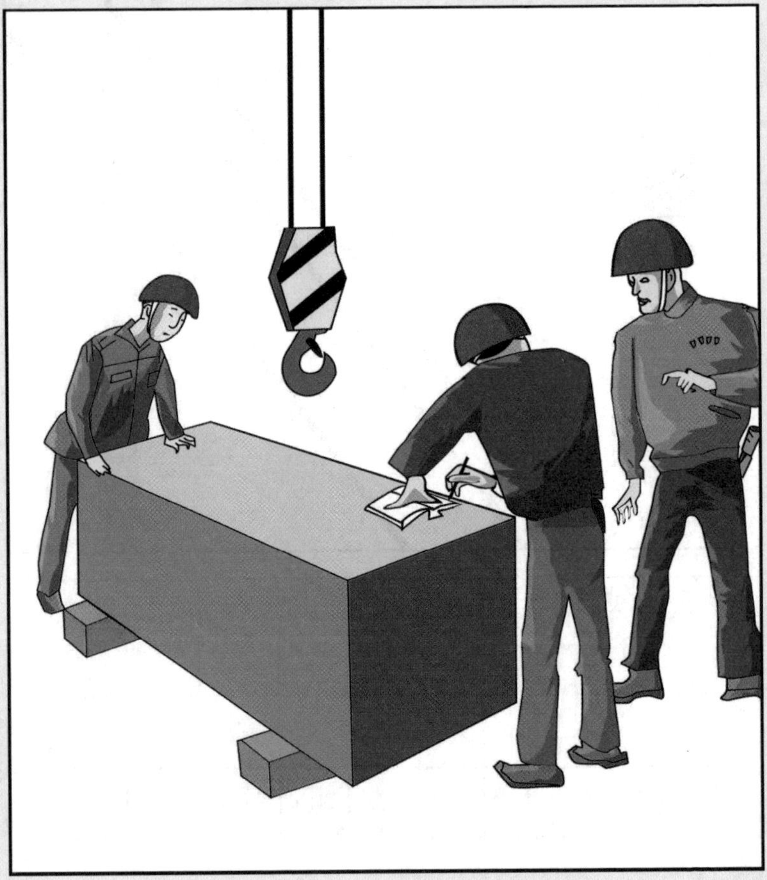

13.1　施工方案

起重吊装作业应编制专项施工方案，方案应包括吊装工艺、作业要领、安全保障措施等内容，并按规定进行审核、审批。超规模的起重吊装作业，应组织专家对专项施工方案进行论证。

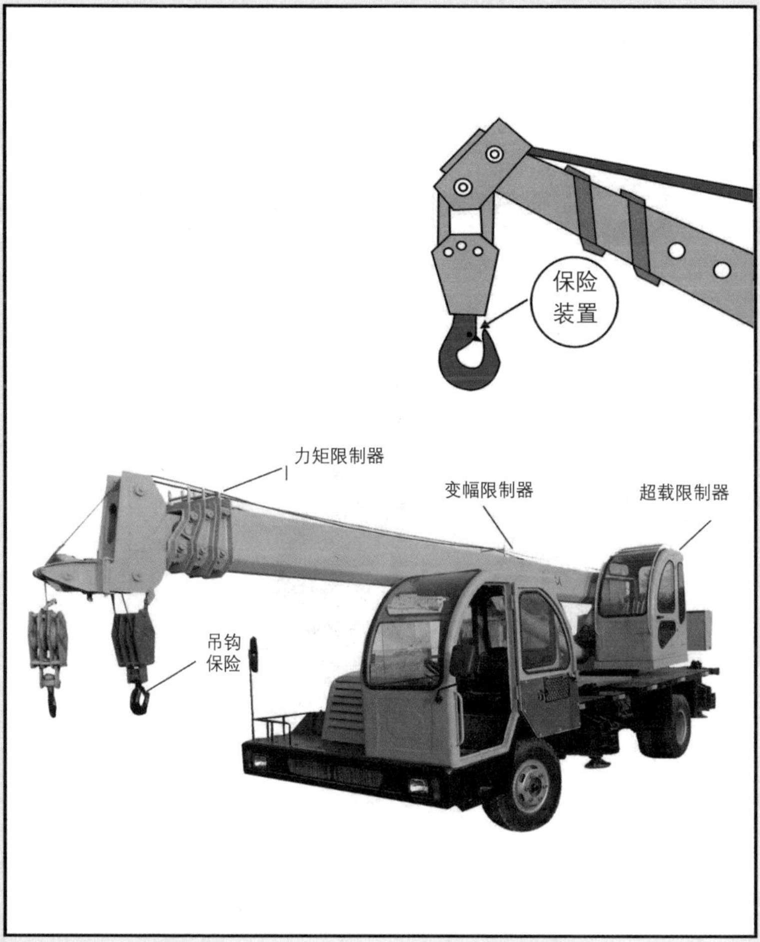

13.2 起重机械

起重机械的安全装置主要包括：起重量限制器、起重力矩限制器、起升高度限位、变幅限位、吊钩防钢丝绳脱出装置等，起重吊装作业前，应对安全装置进行调试，必须保证灵敏可靠。

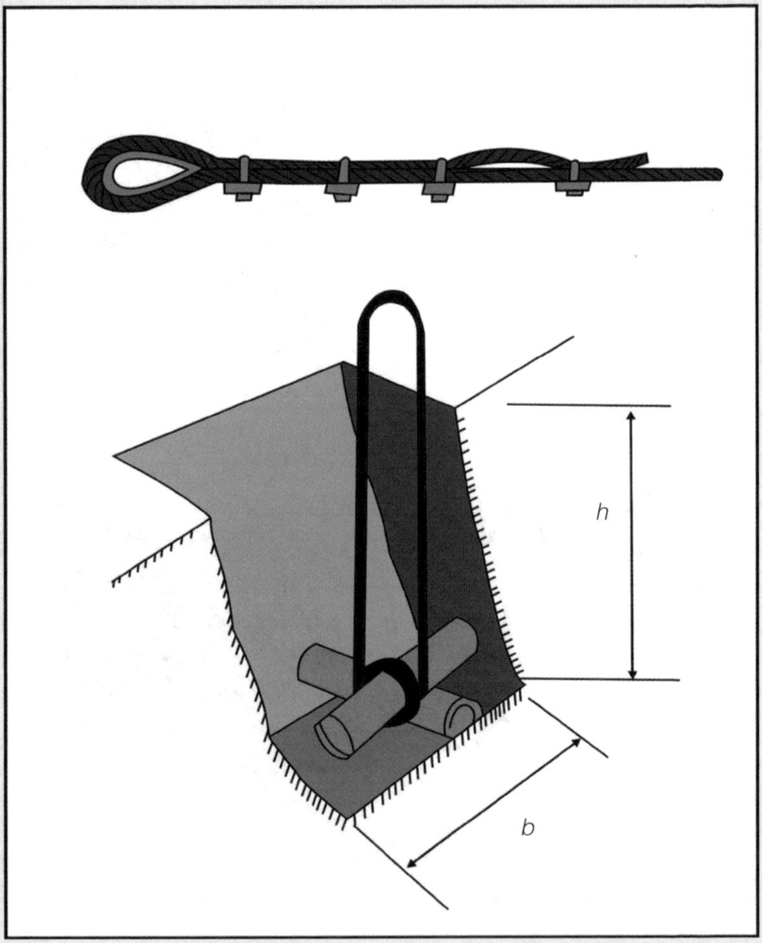

13.3 钢丝绳与地锚

吊钩、卷筒、滑轮的磨损应在规范允许范围内。

钢丝绳使用的规格应符合起重机产品说明书要求。磨损、断绳、变形、锈蚀应在规范允许范围内，缆风绳、地锚设置应符合设计要求。

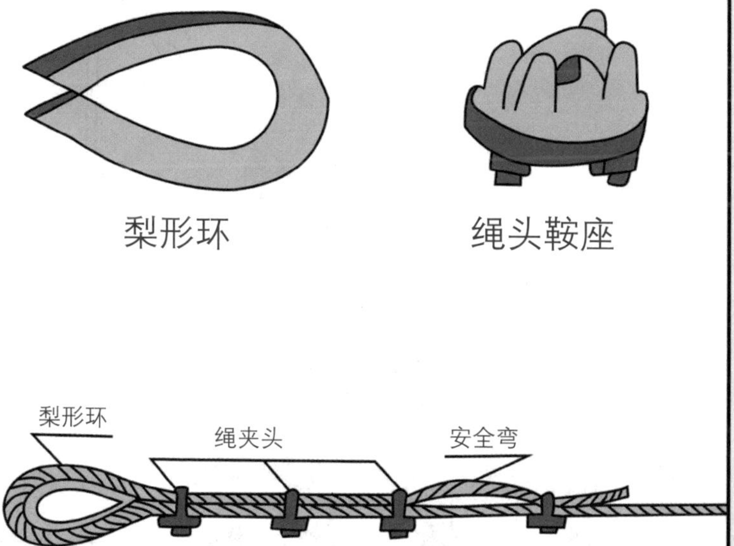

梨形环　　绳头鞍座

梨形环　绳夹头　安全弯

梨形环、绳头鞍座的用法

13.4　索具

当采用编结连接时，编结长度不应小于15倍的绳径，且不应小于300mm。当采用绳夹连接时，绳夹规格应与钢丝绳相匹配，绳夹数量、间距方向应符合规范要求。索具安全系数应符合规范要求。

起重机行走、作业处地面承载能力应符合产品说明书要求，必须时应按专项方案对地面采取硬化措施。

13.5 作业环境

起重机行走、作业处地面承载能力应符合产品说明书要求，必须时应按专项方案对地面采取硬化措施。

起重机与架空线路安全距离应符合规范要求。

13.6 作业人员

起重机司机应持证上岗，操作证应与操作机型相符。起重机作业应设专职信号指挥和司索人员，一人不得同时兼顾信号指挥和司索作业。作业前应按规定进行技术交底，并应有交底记录。

1. 超负荷不吊
2. 歪拉斜吊不吊
3. 指挥信号不明不吊
4. 安全装置失灵不吊
5. 重物超过人头不吊
6. 光线阴暗看不清不吊
7. 埋在地下的物件不吊
8. 吊物上站人不吊
9. 捆绑不牢不稳不吊
10. 重物边缘锋利及无防护措施不吊

13.7 起重吊装

当多台起重机同时起吊一个构件时，单台起重机所承受的荷载应符合专项施工方案要求。吊索系挂点应符合专项施工方案要求；

起重机作业时，任何人不应停留在起重臂下方，被吊物不应从人的正上方通过。起重机不应采用吊具载运人员。当吊运易散落物件时，应使用专用吊笼。

13.8 高处作业

高处作业时，应按专项方案设置作业平台、爬梯等安全设施，作业平台、爬梯的强度应符合规范要求。安全带的悬挂点应牢固可靠，并应高挂低用。

13.9 构件码放

构件码放在楼板上时，其荷载不得大于楼板的承载能力，在地面上码放时应控制码放高度，应有保证稳定措施。

13.10　警戒监护

危险作业区域应按规定设置作业警戒。

第十四章　施工机具

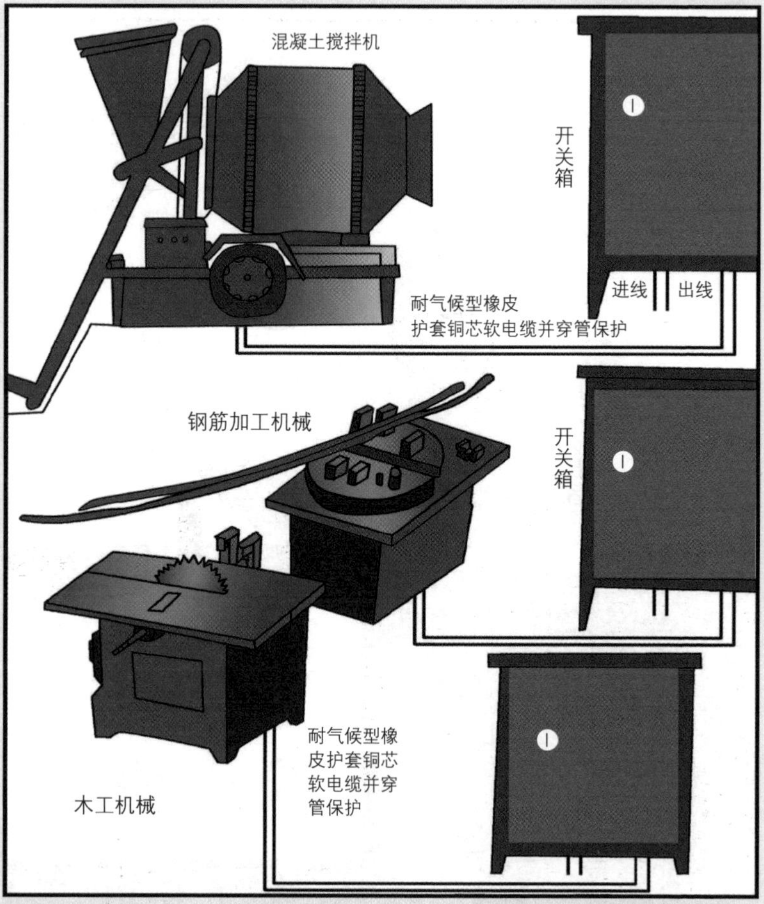

混凝土搅拌机

开关箱

进线　出线

耐气候型橡皮护套铜芯软电缆并穿管保护

钢筋加工机械

开关箱

木工机械

耐气候型橡皮护套铜芯软电缆并穿管保护

14.1　施工机具

平刨、圆盘锯、钢筋机械、电焊机、搅拌机及桩工机械等施工机具安装完毕按规定履行验收程序，责任人签字确认。保护零线应单独设置，并应安装漏电保护装置，设置具有防雨、防晒等功能的作业棚。

14.2　平刨

平刨应设置护手及防护罩等安全装置。不得使用同台电动机驱动多种刃具、钻具的多功能木工机具。

14.3　圆盘锯

圆盘锯应设置防护罩、分料器、防护挡板等安全装置。

14.4 手持电动工具

I 类手持电动工具应单独设置保护零线，并应安装漏电保护装置，使用 I 类手持电动工具时还应穿戴绝缘手套、绝缘鞋。手持电动工具的电源线应保持出厂状态，不得接长使用。

钢筋区

钢筋加工机械

开关箱

14.5　钢筋机械

对焊机作业应设置防火花飞溅的隔热设施。钢筋冷拉作业应按规定设置防护栏。机械传动部位应设置防护罩。

14.6　电焊机

电焊机应设置二次空载降压保护装置。电焊机一次线长度不得超过5m，并应穿管保护。二次线应采用防水橡皮护套铜芯软电缆。露天作业电焊机应设置防雨罩，接线柱应设置防护罩。

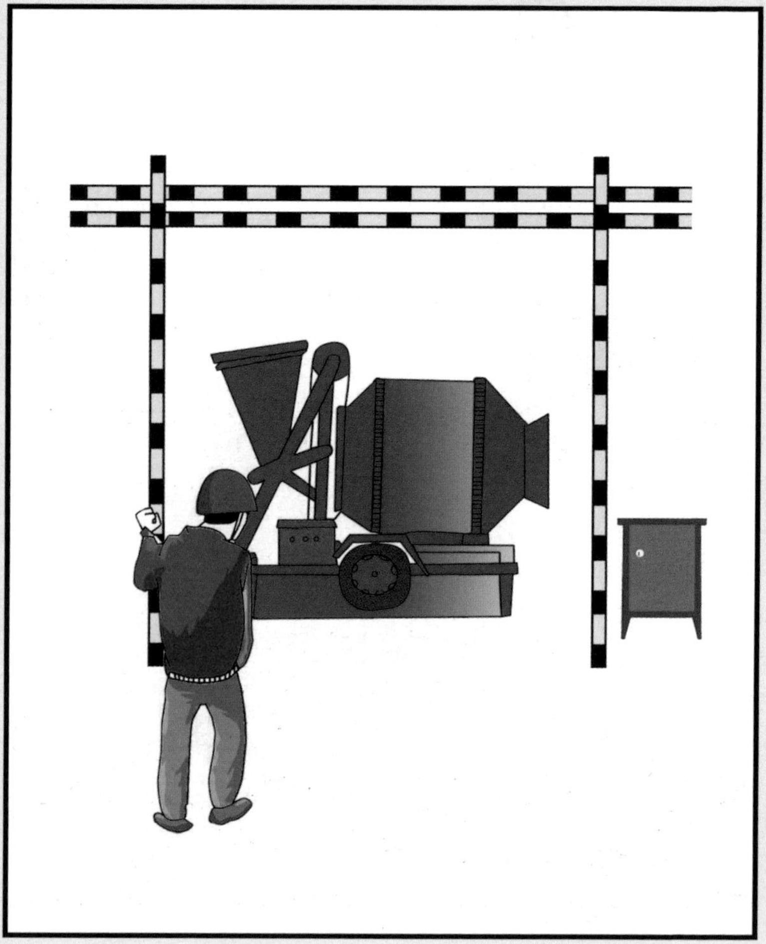

14.7 搅拌机

离合器、制动器应灵敏有效，料斗钢丝绳的磨损、锈蚀、变形量应在规定允许范围内。料斗应设置安全挂钩或止挡装置，传动部位应设置防护罩。

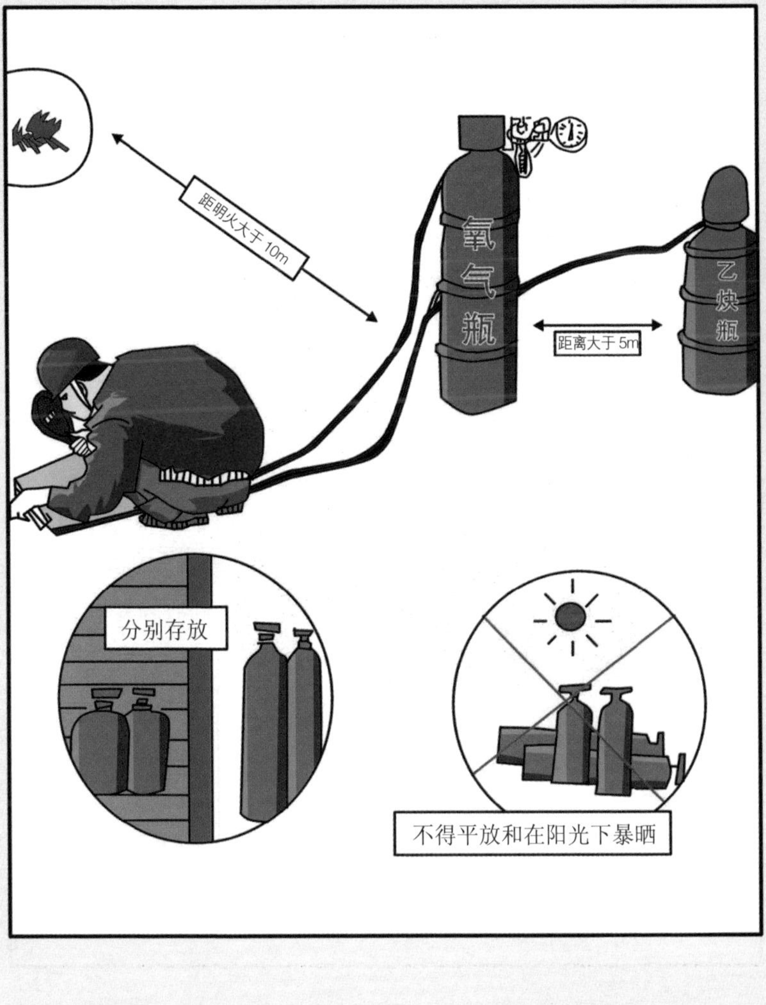

14.8 气瓶

气瓶使用时必须安装减压器，乙炔瓶应安装回火防止器，并应灵敏可靠。气瓶间安全距离不应小于5m，与明火安全全距离不应小于10m。气瓶应设置防振圈、防护帽，标示色标明显，并应按规定存放。

14.9 翻斗车

翻斗车制动、转向装置应灵敏可靠。司机应经专门培训、持证上岗，行车时车斗内不得载人。

14.10 潜水泵

潜水泵负荷线应采用专用防水橡皮电缆，单设漏电保护器，额定动作电流应小于15mA，不得有接头。

14.11 振捣器

振捣器作业时应使用移动配电箱，电缆线长度不应超过30m。操作人员应按规定穿戴绝缘手套、绝缘鞋。

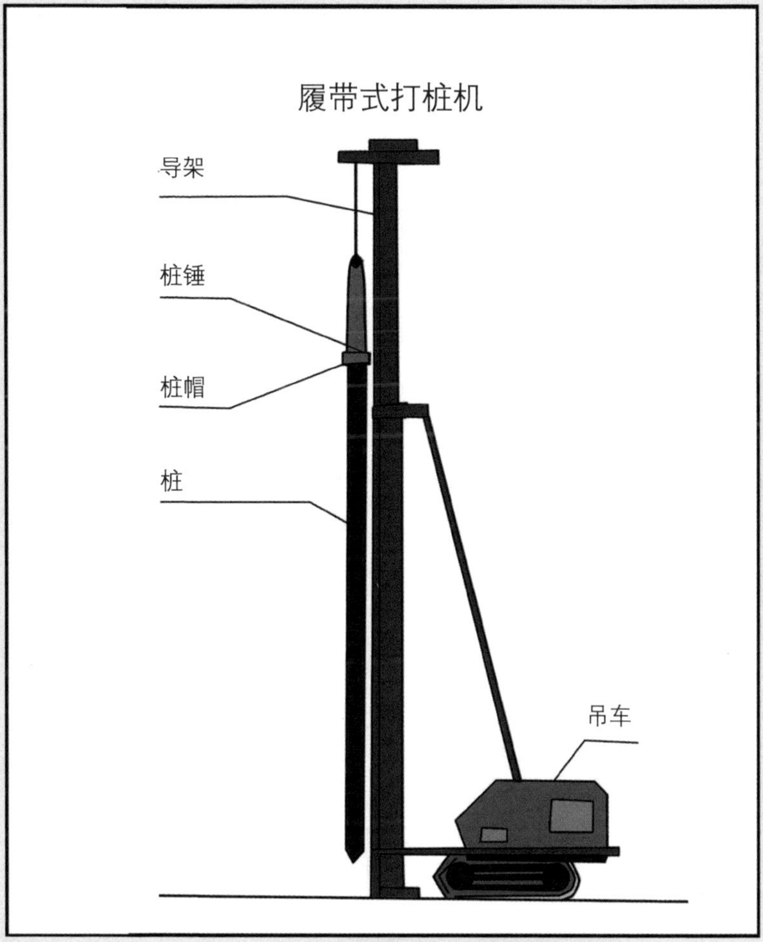

履带式打桩机

导架

桩锤

桩帽

桩

吊车

14.12　桩工机械

作业前应编制专项施工方案，并应对作业人员进行安全技术交底。桩工机械应按规定安装安全装置，并应灵敏可靠。机械作业区域地面承载力应符合机械说明书要求。机械与输电线路安全距离应符合现行行业标准《施工现场临时用电安全技术规范》JGJ46的规定。